VOYAGE

AUTOUR DE

MON PARTERRE

PETITE BOTANIQUE RELIGIEUSE ET MORALE

EMBLÈMES DES FLEURS

Par Mme MARIE ***

Auteur d'un opuscule ayant pour titre *l'École autour d'une église*, etc.

ouvrage approuvé par Mgr l'archevêque de Sens

PARIS

F. BOUQUEREL, LIBRAIRE ÉDITEUR,

31, RUE CASSETTE, 31.

1867

VOYAGE

AUTOUR DE MON PARTERRE

PARIS. — E. DE SOYE, IMPRIMEUR, PLACE DU PANTHÉON, 2.

VOYAGE

AUTOUR DE

MON PARTERRE

PETITE BOTANIQUE RELIGIEUSE ET MORALE

EMBLÈMES DES FLEURS

Par Mme MARIE***

Auteur d'un opuscule ayant pour titre *Visite autour d'une église*, etc.,
ouvrage approuvé par Mgr l'archevêque de Sens

PARIS

F. BOUQUEREL, LIBRAIRE ÉDITEUR,

31, RUE CASSETTE, 31.

1867

PRÉFACE

Le petit livre que j'offre aujourd'hui au public est la suite des pensées religieuses et morales contenues dans un opuscule ayant pour titre, *Visite autour d'une église*, etc., ouvrage approuvé par Mgr l'archevêque de Sens.

On y essaye l'histoire d'un bouquet de fleurs, mais d'un bouquet chrétien composé avec les fleurs du bon Dieu. Les petits oiseaux n'ont-ils pas leurs hymnes et leurs chants, les fleurs leur langage et la création son harmonie, que tout chrétien doit sentir et comprendre? *Tout parle à l'homme, et l'homme parle à Dieu !*

J'ai donc dit aux fleurs : Dites-moi ce que Dieu vous a dit de me dire, pour que je sente s'agrandir la poésie de mon âme afin de proclamer plus dignement la gloire de Dieu.

Cher lecteur et chère lectrice, vous savez que l'on passe sur tous les défauts d'un bouquet offert simplement, sous l'inspiration du cœur ; veuillez me pardonner la grande simplicité du mien. Je l'offre à tout le monde, mais plus spécialement à ceux qui ont besoin de raviver leur foi et de retremper leur vie aux sources fécondes de la morale évangélique, afin de s'inspirer des douces vertus qui en découlent.

J'ai seulement décrit les fleurs dont les touchants emblèmes m'ont paru offrir le plus d'intérêt ; je me bornerai donc, cher lecteur, à réclamer toute votre indulgence pour les imperfections de cette petite causerie botanique, en vous disant *au revoir*, si la Providence n'y met pas d'obstacle et que sa lecture ne vous ait pas causé trop d'ennui.

F^me MARIE ***.

VOYAGE

AUTOUR DE

MON PARTERRE

Après avoir, cher lecteur, fait ensemble notre visite dans la maison de Dieu, permettez que, vous prenant de nouveau par la main, je vienne avec vous faire le tour de mon jardin. La circonférence n'en est pas assez étendue pour que j'aie à craindre de vous causer la moindre fatigue ; j'espère même vous procurer un instant de pieuse récréation en vous montrant encore Dieu jusque dans les moindres détails qui forment l'ensemble admirable de la création.

1.

Commençons par remercier ce Dieu de bonté de nous avoir mis à même de l'adorer dans ses œuvres. Il n'y a déployé tant de grandeur, tant de munificence, que dans le but de faire comprendre et admirer à l'homme les effets de sa puissance sans limites et sans fin. Jouissons donc avec délices des beautés que nous offre le radieux spectacle de la nature, cette grande inspiratrice des esprits élevés; car n'est-ce pas encore honorer Dieu que de jouir de ses bienfaits? Son domaine appartient à tous les êtres créés, puisque au milieu d'une verdoyante campagne, le pauvre, ce déshérité des biens de la terre, a le droit d'en jouir dans toute sa splendeur, et celui encore de s'écrier avec joie : « Enfant de Dieu par voie de filiation, je jouis légitimement des biens de mon père. » (L. Veuillot, *Petite Philosophie.*)

Mais, hélas! combien peu parmi nous savent en tenir compte! Ingrats envers celui à qui nous devons *tout*, nous acceptons comme *chose due* tant de pures jouissances émanant de sa bonté paternelle sans lui en témoigner la moindre gratitude; et même n'allons-nous pas jusqu'à oublier qu'il nous a donné l'être et la vie? car, quoi qu'en disent les sceptiques et les impies, c'est encore une bonne et douce chose que la vie, si toutefois nous savons la bien employer; si, prenant en main le fil conducteur des lois que le Christ nous a données, nous savons marcher d'un pas ferme dans la voie qu'il nous a tracée pour arriver au ciel, seul but de l'existence terrestre.

Prenons-nous-en donc à nous seuls, si trop souvent, hélas! la vie pour nous est amère : ne nous plaisons-nous pas à l'empoisonner par de factices et imaginaires besoins, par des exigences sans raison d'être, par une envie dévorante, par la poursuite de vaines chimères, par la douleur d'inutiles regrets, au lieu de savoir borner nos désirs afin de nous trouver aussi heureux que possible dans la position que Dieu nous a faite, puisqu'il n'est donné à nul de nous de choisir sa place au soleil?

Pauvres insensés que nous sommes! Nous courons après l'ombre du bonheur lorsqu'il ne dépend que de nous d'en saisir la réalité, au moins dans les limites laissées à notre faiblesse. Et pour cela, il suffit d'adorer et de servir Dieu en *esprit et en vérité*; de s'inspirer de sa sublime morale, ce foyer phosphorescent de célestes clartés, dont le jet lumineux enfante toutes les vertus chrétiennes et sociales et dont la pratique constante nous ouvrira l'entrée de ce beau ciel objet de toutes nos espérances.

MA TONNELLE

Avant de commencer notre petite promenade botanique, ami lecteur, allons nous asseoir un instant sous ma tonnelle; on y est si bien! Les arbustes qui la couvrent nous envoient le doux parfum de leurs fleurs en même temps qu'ils nous abritent contre les brûlants rayons du soleil dont le bon peuple des Incas, dans son ignorance du vrai Dieu, s'était fait un dieu visible que, dans sa naïveté, il adorait, transportant ainsi à l'œuvre le culte dû à son auteur.

Quoi de plus attrayant que la réunion de deux amis sous un berceau de verdure et de fleurs? Là, il semble que leurs pensées s'épanouissent plus à l'aise. Là, les amis semblent s'aimer davantage qu'au milieu du monde; ils apprécient à sa juste valeur cette douce et tendre amitié qui, par sa pureté, est à l'abri des passions et du tumulte des sens; le seul sentiment qui, sans intérêt sordide, sans envie et sans jalousie, fasse de deux âmes un seul cœur. Semblables aux deux amis dont nous parlait Joseph Droz dans son remarquable livre sur l'amitié, l'un des deux pourrait dire : « Je n'ai que douze cents livres de rente; c'est peu de chose lors-

qu'on aime à faire le bien ; mais mon ami est riche
et, à ce titre, il m'a donné le droit de puiser dans
sa bourse pour me mettre à même de le réaliser. »

Une semblable amitié est bien rare de nos jours,
c'est vrai ; il suffit de tomber dans le malheur pour
en acquérir la triste preuve ; mais pour cela ne faut-
il pas y croire ? Ne vaut-il pas mieux, d'ailleurs,
avoir une bonne opinion des hommes que de désespérer d'eux ? En outre, j'ai remarqué qu'en général
les bonnes natures sont disposées à les voir par leur
beau côté. Il n'y a guère que les méchants, les envieux et les impies qui s'étudient à trouver leur
côté faible. Craignant d'être éclipsés par les favorisés de la nature ou de la fortune, ils s'efforcent de
les descendre à leur niveau. C'est surtout *la médio-
crité* qui se plaît à jouer ce triste rôle, parce que,
désespérant de pouvoir s'élever jusqu'à ceux qui la
dépassent, elle s'acharne par tous les moyens,
même à l'aide de la médisance et de la calomnie,
d'essayer de se placer au-dessus d'eux ; mais c'est
en vain, le vrai mérite planera toujours au-dessus
d'elle.

Qu'il est triste de penser que c'est ce qui se passe
communément dans le monde, avec lequel moins
on peut avoir de rapports et mieux on s'en trouve.
Et voilà pourquoi une causerie intime avec un ami
a tant de charme ; puis, lorsque arrive l'instant de
se séparer, on se serre la main dans une cordiale
étreinte qui ne ressemble en rien à celle qui réunit

si souvent deux mains sous le simulacre d'une amitié menteuse quand elle n'est pas perfide. Et pourquoi cette différence ? C'est que deux amis qui devisent sur toutes choses sous un berceau de verdure se sentent sous le regard de Dieu, et que, sous ce divin regard, l'homme se sent grandir à ses propres yeux ; sa pensée s'épure, son cœur n'a plus que de bonnes et pieuses inspirations ; ce regard invisible, semblable à l'étincelle électrique, fait vibrer et mouvoir jusqu'aux fibres les plus intimes de son être, preuve admirable qu'il suffit d'un regard élevé vers le ciel pour nous arrêter au bord d'un abîme !

LA PELOUSE

Au milieu de mon jardin, que j'aime à voir cette pelouse couverte de son vert gazon émaillé de fleurs des champs ! fleurs simples, il est vrai, mais qui n'en renferment pas moins les plus charmants emblèmes. Voyez cette pâquerette, comme elle nous sourit en nous annonçant le réveil de la nature et l'approche du printemps. La violette, humble et modeste, se sent plutôt par son doux parfum qu'elle ne se montre aux regards ; semblable en cela à ces natures privilégiées qui renferment en elles l'éclosion de leurs vertus, elle ne pousse qu'au milieu de touffes d'herbes dont elle se fait un rempart, trop faible, hélas! pour la défendre contre la convoitise de ceux pour lesquels sa douce et suave odeur a tant d'attraits.

Que de poésie ne renferme pas cette toute petite marguerite? Semblable à la sibylle antique, elle répond aux questions que, dans sa naïveté, lui adresse la jouvencelle dont la pensée cherche à soulever le voile épais qui, dérobant à son ardente curiosité la vue de l'avenir, jette dans sa pensée un doute pénible sur la réciprocité des sentiments nouveaux qui viennent de s'épanouir en elle au premier battement de son jeune cœur. Dans son ignorance des choses de la vie, elle a cependant déjà compris, par intuition, que si aimer *c'est rêver le bonheur*, être aimé *c'est le bonheur même* pour la femme qui a su se rendre digne d'être toujours aimée pour sa vertu, dont la piété est la source et l'essence.

Mais pour qu'il en soit ainsi, prenez garde, *pauvrette*, de donner votre cœur si pur, si confiant à un homme indigne de le posséder. Inspirez-vous d'en haut afin que l'amour divin, ce foyer de tous les amours purs et légitimes de la terre, planant au-dessus de votre amour terrestre, en domine les fougueux transports; qu'il règle les battements précipités de votre cœur, qu'il en comprime les élans, qu'il vous rappelle sans cesse que ce qui est extrême est toujours de courte durée, et qu'à sa suite, comme résultat certain, il amène la satiété. N'est-il pas prouvé, d'ailleurs, que ce n'est qu'en sachant modérer ce sentiment qui, bien compris, fait le charme de l'existence, que nous pouvons espérer de le rendre durable ? Consultez Dieu, jeunes filles, avant de fixer votre choix, et soyez assurées que sa divine inspiration vous préservera de toute erreur.

L'amour n'est point un *crime*, *non*; mais il ne peut être *une vertu*, quoi qu'en ait dit une plume habile (J.-J. Rousseau); il est un sentiment doux et tendre pour les cœurs honnêtes soumis à son empire et comme entraînés par cette commune attraction des sexes, pour l'union desquels Dieu a institué un sacrement auguste destiné à la légitimer en la rendant indissoluble.

LE BRIN D'HERBE

Il n'est pas jusqu'au plus petit brin d'herbe qui n'excite mon attention. En effet, tout dans la nature révèle la majestueuse puissance de la main créatrice qui coordonna si admirablement toutes choses. Si, en marchant, je suis forcée de le fouler aux pieds, je le vois avec plaisir se redresser aussitôt

sur sa tige ; je me dis alors : Non, rien d'inutile
ici-bas. Cèdre ou roseau, chêne ou brin d'herbe,
tout concourt à cette harmonie qui ferait de la
terre un nouvel Éden, si l'homme, ce roi de la
création, savait s'élever par la pensée à ce qu'elle
renferme de grand et de sublime.

LA TERRASSE

C'est avec un plaisir toujours nouveau et vive-
ment senti qu'en mettant le pied sur la terrasse qui
domine mon jardin, j'admire cette double rangée
d'arbres dont les branches se réunissent en berceau pour en faire un ombrage continu. Sans arbres, le plus beau, le plus symétrique des jardins
peut être comparé à une fleur sans parfum ; car
lorsque la verdure lui fait défaut, l'œil se lasse bien
vite même de la variété des plus belles fleurs. La
verdure attire les yeux, qui recherchent la cime
des arbres pour s'y reposer de la fatigue produite
par la diffusion des couleurs. Ce qui excite surtout
mon enthousiasme, c'est la vue du chêne presque
deux fois séculaire qui s'élève majestueusement au
dessus de la clôture de mon petit domaine. Lorsque, pour me reposer, je viens m'asseoir sur le
banc de gazon qui est au pied de ce vieux chêne

planté par mes aïeux, dont les branches élevées semblent défier l'aquilon, je me trouve par la pensée transportée au milieu de ceux qui l'ont vu naître; je réfléchis au nombre de générations qui depuis lors sont venues s'abriter sous son vert feuillage, et j'y contemple avec respect la majesté des siècles écoulés !

L'AUBÉPINE

Je me suis plu à entourer mon jardin d'une haie d'aubépine. Cette charmante fleur printanière offre autant d'attraits au regard qu'à l'odorat. Sa couleur blanche n'est-elle pas le *symbole de l'innocence?* C'est à ce titre, sans doute, que le rossignol lui confie sa chère couvée, certain qu'il est que, sentinelle attentive et vigilante, elle veillera sur le dépôt à elle confié. Ses épines le défendront contre toute agression et tout rapt ; elles protégeront ce nid qui, pour l'oisillon, est semblable au berceau de l'enfant. La tendre Philomèle n'apporte-t-elle pas à sa construction la même sollicitude que la mère qui entoure d'un chaud duvet la barcelonnette dans laquelle reposera le gage de son amour? Dieu a fait, dans chaque espèce, le cœur des mères sur un seul modèle, et c'est du

sien qu'il s'est servi; j'en donnerai pour preuve,
entre mille, l'effroi, le battement des ailes et les
plumes ébouriffées de la poule qui, ayant couvé des
canards, exprime ainsi son désespoir de ne pouvoir
les suivre dans l'étang dans lequel ils se plongent,
tant elle craint pour eux un danger qu'elle ne partage pas et dont elle est impuissante à les préserver.

L'ORANGER

Parmi les fleurs qui s'offrent à mes regards, je
les arrête d'abord devant cet oranger couvert de
boutons et de fleurs. Leurs douces émanations
viennent parfumer ma pensée d'un délicieux arome
que ne m'offre aucune autre fleur. Cette douce
senteur révèle alors à mon imagination *son vir-
ginal emblème*. C'est à ce titre que cette fleur
privilégiée a été jugée digne d'orner l'autel de
Marie immaculée. En la contemplant, une foule de
réflexions surgissent dans mon esprit : j'admire ces
boutons tremblants sur leurs tiges, symbole touchant de la modestie qu'un rien effraye ou, pour
mieux dire, qui s'effraye de tout ; vertu si chère aux
âmes pures qui renferment en elles leurs pensées
intimes, couvrant d'un voile épais le bien qu'elles
font afin de le dérober aux regards des hommes et

dont celui de Dieu seul doit savourer les délices.

C'est pour cette raison que la fleur de l'oranger a été choisie pour orner le front pur et candide de la jeune fiancée à l'instant où elle se présente au pied des autels pour y être revêtue du titre sacré d'épouse, et que, tremblante d'émotions et de crainte, elle imprime à sa couronne virginale les ondulations de sa pensée qui agitent d'un léger frémissement les boutons qui la composent.

A l'instant où se prononce le vœu de s'aimer *sans partage* et ce serment de fidélité tel que Dieu l'exige, c'est-à-dire de *personne, de cœur et de pensée*, les époux doivent ensemble lever les yeux au ciel pour le prier de le ratifier et de le rendre *inviolable ;* car c'est sur cette *inviolabilité de la foi jurée* devant lui et devant les hommes que repose la légitimité des enfants, les liens de filiation, le respect dû au chef de la famille, dont le nom ne peut être flétri, l'honneur qui en rejaillit sur elle et la paix entre tous ses membres. La morale sublime du Christ n'en est-elle pas la sanction et l'impérissable fondement sur lequel repose la société chrétienne et la civilisation tout entière?

LE LIS

J'ai mis une double rangée de lis dans la princi-
pale allée de mon jardin, parce que j'ai pour cette
fleur une prédilection toute particulière. Elle se
rattache sans doute à son *emblème de pureté* qui
l'a fait choisir pour orner l'autel du saint patriarche
qui en fut un parfait modèle. J'admire la gracieuse
courbure de ses jolis pétales, sa corolle veloutée
d'un jaune foncé qui en fait ressortir l'éclatante
blancheur, et je respire son suave parfum sans
avoir à redouter cette espèce de somnolence que
produit celui de beaucoup d'autres fleurs. Sa tige,
sans aspérités aucunes, s'élève majestueusement
au-dessus de celles qui l'environnent; en un mot,
le lis est peut-être l'unique fleur qui satisfasse
complétement la vue et l'odorat, et la seule encore
qui nous inspire de suaves et délicieuses pensées
de pureté et de chasteté. C'est donc à bon droit
que les botanistes l'ont surnommé « *le roi des
fleurs.* »

LE ROSIER

Je salue la rose comme reine des fleurs; j'en
admire le vif incarnat; j'en respire l'odeur avec
plaisir; mais j'aperçois poindre ses épines que la
traîtresse a le soin de cacher sous ses feuilles. Elle
est, dit-on, l'*emblème de la beauté*, et ainsi qu'elle
ne dure qu'un jour... Que de réflexions à faire
sur cette courte durée! et que reste-t-il à en
dire? Rien, si ce n'est de répéter encore que la
beauté a bien rarement fait le bonheur des femmes
qui en ont été favorisées. Elle a été pour elles
une source d'orgueil et de vanité, la source de
mille défauts de caractère qui en furent la conséquence, un écueil pour leur vertu et d'amers
regrets lorsque le ravage des ans l'aura éclipsée.
C'est donc avec raison que la Bruyère, ce sage
entre tous les sages, a dit « qu'une femme a peu
de temps à être belle et longtemps à ne l'être
plus. » Au point de vue chrétien, on peut dire,
sans crainte de se tromper, que la beauté doit
être moins *enviée* que *redoutée*.

LE DAHLIA

A côté du rosier j'aperçois mon carré de dahlias, dont on a fait l'*emblème de l'élégance*, en raison, sans doute, de la variété de leurs nuances. En effet, chacun d'eux a l'air d'être d'une espèce différente, et quoique dépourvue d'arome, cette fleur n'en est pas moins une de celles qui ornent le mieux nos parterres. Elle symbolise parfaitement la diversité de mœurs, de goûts et d'opinions de ceux qui la contemplent. Semblable au caméléon, elle miroite à leurs regards par la mobilité de sa tige, qui lui fait refléter chaque rayon du soleil, dont, par le fait, elle se trouve plus ou moins empourprée.

LA TULIPE

La tulipe est l'*emblème de la magnificence* par la richesse de ses nuances, par l'élévation de sa tige, par sa jolie forme de calice. Il semble, en voyant cette charmante fleur, que ce soit une apparition de celui dont le Christ se servit le jour

où il institua le sacrement d'amour par excellence.
A ce titre elle a droit à nos sympathies plus que
toute autre, et aussi parce que, se rattachant par
le souvenir à quelque chose de grand et de sublime, elle impressionne l'âme, le cœur et la
pensée.

LE JASMIN

Quelle est jolie cette petite fleur de jasmin, ornement ordinaire des bosquets et des murailles, dont
elle dérobe l'aridité aux regards. Elle est l'*emblème de la douceur* par son insensible parfum :
qualité charmante chez la femme, dont elle re-
hausse les attraits en donnant à sa physionomie
une expression enchanteresse qui la rend plus belle
encore que l'extrême régularité de ses traits ou
l'éclat de sa fraîcheur.

Le jasmin est encore l'*emblème de l'amabilité*,
cet heureux don du caractère qui nous fait aimer
et rechercher de tous ceux qui nous connaissent.
Comment pourrait-il en être autrement lorsqu'on
joint à la gracieuseté des manières une conversation aimable et enjouée avec ce naturel qui exclut
toute prétention? Ainsi que le dit le proverbe : « La
bonté, l'esprit et l'amabilité n'ont pas d'âge. »
Les années, au contraire, semblent augmenter le

charme de ces trois précieuses qualités que l'expérience de la vie développe encore. Heureux ceux qui les possèdent, elles seront pour eux la source d'affections durables, ce qui n'a pas de prix ; car pour n'être aimé qu'un jour, mieux ne vaudrait-il pas ne l'avoir jamais été ?

LE MYOSOTIS OU NE M'OUBLIEZ PAS

Toute petite et mignonne que soit cette fleur, elle a quelque chose d'attrayant, d'abord par sa jolie nuance bleu de ciel, et aussi parce qu'en amour comme en amitié le myosotis est le *symbole de la constance*. Une ancienne légende l'a en quelque sorte immortalisée ; cette légende du bon vieux temps, ami lecteur, la voilà :

Au bord escarpé d'un fleuve, deux jeunes fiancés, au sortir de l'église où ils avaient échangé leurs vœux préparatoires pour la cérémonie du lendemain, se promenaient le long du fleuve et de ses rives enchantées témoins de leurs rêves de bonheur, lorsque, par un mouvement imprévu, la jeune fille laissa tomber dans le courant le bouquet de myosotis que son fiancé venait de lui offrir. A cette vue, elle jette un cri d'alarme et de regret. Lui n'entend que cela et se précipite dans le fleuve à

la recherche du bouquet tant regretté. Mais, hélas !
il ignorait que son dévouement allait lui coûter la
vie. En cet endroit le courant était trop rapide
pour pouvoir nager. Se sentant prêt à être englouti,
il rassemble ses forces et, par un effort suprême, il
jette le bouquet sur la rive en s'écriant : « *Ne m'ou-
bliez pas.* » La jeune fille, folle de désespoir, pro-
nonça le serment de ne jamais appartenir à un
autre et de se consacrer à Dieu, lui seul étant
digne de remplir le vide de son cœur, et lui seul
encore étant capable d'en cicatriser la douleur.

LA SENSITIVE

Que j'aime à voir cette fleur se replier sur elle-
même lorsqu'une main s'approche pour la toucher !
Que ce mouvement de retrait est bien le *symbole
de la pudeur dont elle est le charmant emblème !*
Quoi de plus ravissant aux regards que ce sentiment instinctif qui colore instantanément les joues
de la jeune fille ou de la jeune femme d'un vif
incarnat qui, à défaut d'autres agréments, consti-
tuerait à lui seul la beauté ?

Le Créateur, en dotant la femme de tant d'attraits,
a voulu la mettre en garde contre leur prestige. Ils
seraient un danger pour sa vertu, s'il n'avait placé

en elle *la pudeur*, cette gardienne vigilante qui, nouvel Argus, veille au dépôt sacré confié à sa garde. C'est elle qui donne le premier signal du danger, et c'est elle encore qui en assure le triomphe.

LA PENSÉE

La nature peut-elle nous offrir une fleur qui porte plus à la rêverie qu'une pensée qui en est le *délicieux emblème?* Non ; aucune de celles qui ornent nos parterres ne représente tant de grandeur et d'élévation aux âmes d'élite qui la contemplent. La pensée de Dieu, par exemple, ne suspend-elle pas l'homme entre ciel et terre? Cette pensée n'est-elle pas l'égide tutélaire sous laquelle s'abrite sa faiblesse? n'est-elle pas l'inspiratrice de toutes les vertus? n'est-elle pas encore *la tente* qui l'abrite contre lui-même — *son écueil le plus redoutable?*

Au jeune âge, les pensées enfantines donnent à notre physionomie ce cachet enchanteur que recouvre le voile de l'innocence, ce bien précieux dont on ne connaît le prix qu'après l'avoir perdu.

Dans l'adolescence, nos pensées sont suaves et comme empourprées de nos rêves de bonheur. C'est à dessein que Dieu nous a présenté la coupe aux bords emmiellés ; car si le breuvage amer qu'elle contient eût effleuré nos lèvres , nul de nous n'aurait eu le courage de le boire jusqu'à la lie et de continuer cette traversée qu'on appelle communément la vie terrestre.

Dans la jeunesse, que d'illusions s'emparent de notre pensée et de notre cœur ! Comme la vie nous apparaît radieuse au travers de ce prisme enchanteur par lequel elle se présente à nous avec le miroitement de notre imagination ! Mais, hélas ! l'âge viril nous réserve de cruelles déceptions, attendu qu'il est notre entrée dans la vie réelle, dans cette vie où il n'y a de vrai bonheur que dans la pratique constante des vertus chrétiennes et sociales, qui assure à notre vieillesse la sérénité des années écoulées dans l'accomplissement des grands devoirs qu'elle nous impose.

L'ŒILLET

L'œillet passe pour être *l'emblème de l'amour sincère*. Que de choses il y aurait à dire sur ce sentiment que chacun apprécie à son point de vue ! Nos romanciers en font *le maître du monde* dans *le passé, le présent et l'avenir*. Je ne chercherai point à rivaliser de talent avec eux ; en cela je leur cède la palme ; je me contenterai de dire ici, dans la sincérité de mon cœur, ce que *je crois*, ce que *je pense* et ce que l'expérience de la vie *m'a appris.*

Je crois avec J.-J. Rousseau que l'amour n'est point *un crime* lorsqu'il prend sa source dans un cœur pur, qu'il a pour but sa sanction légitime aux yeux de la société comme dans le sein de l'Église; mais je ne crois pas *avec lui* devoir le ranger au nombre *des vertus*; je le placerais plutôt comme leur *antagoniste le plus redoutable*, attendu qu'au jeune âge surtout il se présente sous la forme de ces farfadets qui ne nous éblouissent autant que pour mieux nous conduire à notre perte.

Je pense que Dieu lui-même a laissé échapper du ciel une étincelle du feu divin pour l'union des cœurs, afin de jeter quelques fleurs sur le sentier de la vie, et que l'amour pur et chaste dans ses aspirations en est une émanation destinée à embellir notre existence terrestre sans nuire au bonheur que nous réserve la vie future. Seulement, pour qu'il en soit ainsi, il faut aimer *par* le cœur et *avec* le cœur l'objet digne de notre estime, assez fortement pour vaincre tous les obstacles qui s'opposent à notre union avec la personne aimée. Il faut encore à ce même amour force et durée, en se persuadant bien que « toutes choses viennent à point à qui sait attendre. » La constance et la persévérance en amour ont produit des actes d'héroïsme surhumains; elles ont enfanté des prodiges de dévoue-

ment et d'abnégation, c'est vrai ; mais ce n'a jamais
été lorsque, à l'instar de Laure et de Pétrarque
et de tant d'autres, on a fait dégénérer ce noble sentiment en une coupable passion poussée jusqu'au
paroxysme, attendu qu'il n'y a de véritable et pur
amour que *l'amour chrétien dans toute son acception*.

Pour que nous soyons préservés des égarements
de notre cœur et surtout de ceux de notre imagination — qui trop souvent se substitue à sa place,
— il faut aimer suivant la loi de Dieu, qui veut
avant tout le choix des personnes, dépouillé de
tout sentiment d'orgueil, d'intérêt ou d'ambition ;
qu'en un mot, il faut aimer *en lui*, *par lui* et *pour
lui*. Aimer *en lui*, c'est s'inspirer de ses divins
préceptes pour modérer les fougueux transports de
l'amour. Aimer *par lui*, c'est réclamer sa divine
inspiration avant de fixer son choix. Et aimer *pour
lui*, c'est unir sa destinée à celle de l'objet aimé
pour les confondre en une seule avec le doux espoir qu'après avoir, *sans restriction aucune*, rempli
scrupuleusement les grands devoirs que le mariage
impose et avoir fait de chacun de ses enfants un
élu pour le ciel, on s'endormira en paix dans le
Seigneur.

J'ai appris par l'expérience de la vie, et plus
encore par l'étude attentive des sentiments de
l'âme et du cœur, que toute jeune fille élevée sous
les auspices d'une mère chrétienne, lorsqu'elle se

décide à dire un éternel adieu à ce beau titre pour s'engager dans les liens sacrés du mariage, si elle veut fixer le bonheur au sein de son ménage, doit, *avant tout*, obtenir de son fiancé *la promesse formelle* qu'il ne s'opposera *jamais* à la pratique de ses devoirs religieux. Car combien en est-il qui déplorent de ne pas avoir pris cette sage et pieuse précaution lorsqu'elles avaient encore leur liberté d'action ! Tandis que la jeune fille qui se pénètre de l'impérieuse nécessité de continuer sa vie chrétienne et pure peut espérer de ramener l'objet de son affection dans cette voie lactée qui conduit au ciel, et d'y arriver tous deux, ensemble ou séparément, pour s'y trouver réunis à jamais !

En effet, ce doit être une bien triste pensée que celle d'arriver au ciel sans son compagnon de route. C'est donc aux femmes qu'incombe la glorieuse tâche de raviver dans le cœur de leurs maris la piété de leurs jeunes années. Tout doit leur faire espérer que leur foi, semblable à un météore brillant, a pu être voilée par les ténèbres de l'erreur, de l'impiété ou des passions ; mais la plupart du temps elle n'était qu'assoupie, et sous la douce influence d'une femme aimée, et surtout par son pieux exemple, il est bien rare que, semblable à lui encore, elle ne brille d'un nouvel éclat. On ne comprend pas ces femmes qui prétendent aimer leurs maris tout en ne se préoccupant pas du sort qui leur sera réservé au delà du tombeau. C'est de l'égoïsme, mais non une *affection vraie*.

LE LAURIER

Le laurier, avec ses feuilles vert foncé, se présente à mes regards comme *symbole de la gloire*, et en cela il a droit à nos sympathies. Quoi de plus grand, en effet, que la gloire qui ne s'acquiert souvent qu'au péril de la vie ! Si notre belle patrie s'en est couverte avec tant d'éclat, c'est que la France, en sa qualité de *fille aînée de l'Église*, avait placé son étendard sous la protecttion du Dieu des armées ; c'est que le vœu de Louis XIII lui avait donné une auguste protectrice dans le ciel ; et c'est aussi parce que nos soldats avaient puisé dans les enseignements chrétiens de leur culte cette bravoure qu'aucun danger n'effraye et qui fait de chacun d'eux un héros. Ne sont-ce pas, d'ailleurs, les soldats qui gagnent les batailles ? Et n'est-ce pas un héroïsme surhumain que celui qui inspire la pensée de verser jusqu'à la dernière goutte de son sang pour la défense de sa patrie ?

L'OLIVIER

La vue de l'olivier nous reporte par la pensée à l'apparition de la colombe lorsque, avec une de ses branches, elle apparut au-dessus des flots annonçant aux hommes que, la justice de Dieu étant satisfaite, elle leur apporte la branche d'olivier comme un *symbole de paix universelle*. Saluons-la, cette envoyée des cieux dont la simplicité est remplie de charme. Admirons son plumage dont le blanc velouté symbolise l'innocence; inspirons-nous de cette pensée de paix dont le Sauveur fut prodigue envers nous qui ne savons malheureusement pas assez comprendre ce qu'elle renferme de bonheur individuel, de joie dans la famille et de prospérité dans les nations.

Pour qu'il en soit ainsi, sachons avoir assez d'empire sur nos passions pour arrêter nos convoitises, vaincre notre penchant à envier et à jalouser les biens ou les avantages d'autrui; sachons, dis-je, rester maîtres de nous-mêmes en faisant les sacrifices ou les concessions exigées par les circonstances, et, ainsi qu'il est dit vulgairement, « si nous voulons qu'on nous passe *le chou*, sachons passer *la chèvre* aux autres »; c'est le seul moyen de vivre en paix avec Dieu, avec le prochain comme avec nous-mêmes.

LE BOUTON-D'OR

Je ne sais trop pourquoi cette fleur occupe une place dans mon parterre, attendu que je ne me sens pour elle aucun attrait. C'est sans doute parce qu'elle a la couleur de ce métal, qui, semblable à l'aimant, attire tout à lui.

On comprend que le bouton d'or soit le *symbole de l'avarice*, dont le dix-neuvième siècle est plus entaché que ceux qui l'ont précédé. Ne fait-il pas de l'or *le dieu régnant de la terre* à tous les degrés de l'échelle sociale ? La société moderne semble oublier que *l'amour de Dieu* et *l'amour de l'argent* étant incompatibles, *l'un* de ces deux amours *tue l'autre*. Et cependant, combien en voyons-nous, parmi ceux qui remplissent scrupuleusement et fréquemment leurs devoirs religieux, qui, s'ils s'interrogeaient sérieusement dans leur for intérieur, seraient forcés de reconnaître que celui auquel appartient de droit la première place dans leur cœur n'en occupe, hélas ! que la seconde : n'osant s'avouer qu'ils *sont avares*, ils modifient l'expression sans rien changer aux actes qui le prouvent. Ils s'avouent seulement *intéressés*, oubliant que les *intéressés* sont les fils de *l'avare*, c'est-à-dire ne sont qu'une seule et même chose, puisqu'ils n'en sont séparés que par un seul degré, ce qui fait qu'en réalité ils ne valent pas mieux que leur père.

Bien que Molière, Balzac et tant d'autres nous aient dépeint l'avare sous son plus horrible type, ils sont encore restés au-dessous du vrai; car *j'affirme* avoir connu *pire que cela*. Aussi ai-je conçu pour cette hideuse passion une aversion invincible, et pour ceux qui en sont entachés une répulsion dont je ne puis me défendre. L'avarice a pour cortége inséparable l'*orgueil*, l'*ambition*, la *dureté de cœur* et l'*égoïsme*; elle a pour effet certain de rabaisser et d'étioler l'intelligence, d'atrophier le cœur, d'enlever à l'âme ses plus belles et ses plus nobles inspirations qui élèvent l'homme au-dessus de la brute. Et cela à un tel point qu'il ne reste plus en lui aucun de ces sentiments généreux qui font le charme de l'existence.

L'intérêt absorbe toutes les facultés de l'avare, il en paralyse les plus doux élans; sa seule jouissance est la possession de *cet or* dont pas une parcelle ne le suivra dans la tombe. Qu'il sache donc, une fois pour toutes, que plus il en laissera, moins il sera regretté. Ses héritiers par voie de filiation se consoleront d'autant plus vite de sa perte qu'elle les enrichira davantage. Ses collatéraux

s'en réjouiront ; et c'est sous le poids des impréca-
tions de ceux dont, par son avarice, il aura compromis les intérêts, ou sous celui du mépris public,
que se fermera sa tombe vouée à l'oubli et sur laquelle ni larmes ni prières ne viendront rappeler
son passage sur cette terre. Comme exception,
l'avarice n'exclut pas la probité, puisqu'il se trouve
des avares chez lesquels on trouve cette vertu ;
mais chez eux elle n'est jamais poussée jusqu'à la
délicatesse, cette noble qualité des belles âmes.
Il leur arrive assez souvent même d'être indélicats
sans le vouloir et sans le savoir. Cela se comprend,
attendu que leur propre intérêt les aveugle au
point de ne plus discerner le juste de l'injuste, et
que la crainte de voir leur intérêt compromis leur
fait souvent compromettre celui des autres.

L'avarice est la passion qui dégrade l'homme aux
yeux de Dieu comme à ceux de ses semblables plus
encore que toutes les autres passions, parce qu'elle
est la seule qui s'augmente avec les années : tandis
que le temps fait justice de celles-là, celle-ci ne
fait que s'augmenter avec l'âge. N'est-il pas reconnu
que plus l'avare se trouve près de sa fin, plus il
tient *à ce filon d'or prêt à se détacher de lui?...*
Qu'il est triste de rappeler à une société qui se *dit
chrétienne* que l'intérêt est le mobile de presque
toutes ses actions, dans lesquelles il s'insinue même
à son insu. N'y a-t-il pas de quoi frémir lorsqu'on
pense que c'est ce qui se passe au milieu d'elle,

dans ses rapports de famille, où, semblable à une pomme de discorde, *l'intérêt* vient se jeter au milieu d'elle pour en diviser les membres jadis unis par les liens du sang ou par ceux d'une amitié sincère et dévouée? Faut-il lui rappeler enfin que c'est cette coupable et ignoble passion qui peuple les neuf dixièmes des bagnes? Et pour conclure, ne suffit-il pas de rappeler que Dieu, par la bouche de saint Paul, a dit que « nul *fornicateur*, nul *impudique*, nul *chargé du bien d'autrui*, nul *avare* — qu'on peut appeler *idolâtre, puisqu'il l'est de son or* — ne sera héritier du royaume de Dieu » ?

Un des grands travers encore de *l'avare*, c'est celui de ne jamais vouloir se reconnaître *comme tel*, dans la crainte d'avoir à en rougir à ses propres yeux comme à ceux des autres près desquels il affecte même de se poser en homme grand et généreux, et, s'il osait, il essayerait de se faire passer pour prodigue.

C'est à regret que je me suis étendue aussi longuement sur cet emblème; si je m'y suis décidée, c'est après avoir reconnu que *l'intérêt* étant la *plaie saignante* de la société moderne, j'ai cru utile de lui montrer les conséquences fatales qui en découlent, afin qu'elle puisse se mettre en garde contre sa funeste influence.

LE PALMIER

Bel arbre venu de si loin pour t'implanter sur nos rivages méridionaux, tu as droit à tous nos hommages. On comprend que tu sois l'*emblème de la majesté* par ton élévation au-dessus des autres. Tu nous transportes par la pensée vers ce ciel azuré où tu as pris naissance ; nous te contemplons à travers les siècles écoulés, lorsque tu prêtais ton ombrage à ce *doux enfant* qui, sur les genoux de sa tendre mère, avait été forcé de prendre le chemin de l'exil. Dieu le plaça sous la sauvegarde de ce fils de David qui ne rougit point de vivre du travail de ses mains, parce qu'alors les grands et les puissants de la terre (près desquels nous ne serons jamais que de véritables pygmées) avaient pris pour axiome : « Si tu ne veux faire de ton fils un voleur, apprends-lui un métier afin que, si les revers l'atteignent, il ait toujours un moyen de pouvoir honorablement subvenir à ses besoins. » C'est pour cette raison que saint Joseph, quoique descendant de race royale, avait dans sa jeunesse appris l'état de charpentier. Il entrait aussi dans les desseins providentiels que le père d'adoption du Christ dût, par son exemple, honorer le travail,

ce bien suprême qui embellit notre vie en l'occu-
pant, et qui à lui seul nous préserve de tant *d'er-
reurs, de fautes* et *de crimes.*

Le palmier est de tous les arbres tropicaux celui
dont la vue ne se repaît jamais, soit qu'assis sous
son ombrage toujours vert, ses larges feuilles nous
servent de parasol, soit qu'en suivant du regard
ses gracieuses ondulations produites par la courbure de ses larges feuilles continuellement balan-
cées sous la pression du vent, ou bien encore parce
qu'involontairement on se sent disposé à une douce
rêverie en se reportant par la pensée à cette Égypte
si renommée par ses pyramides, ses hiéroglyphes
et la dure servitude qu'y subit le peuple de Dieu.

L'ACACIA

L'acacia est *le symbole de l'amour platonique,*
le plus suave et le plus délicieux des amours terrestres, puisqu'il prend sa source dans les sentiments de l'ordre le plus élevé. Cet amour est bien
différent de celui que font naître les charmes et les
agréments physiques, dont la durée éphémère est
la cause de cette inconstance qui détruit nos plus

chères affections et qui trouve en cela son excuse.

L'amour du sentiment, au contraire, s'épure et s'augmente avec le temps et par ses propres inspirations, parce qu'il se fixe sur l'être qui lui apparaît doué des plus nobles qualités de l'âme et du cœur. Cet amour, pour être pur, ne doit exister qu'entre deux personnes *libres de s'unir par les liens sacrés du mariage*; autrement cet amour est coupable, quelles que soient les illusions qu'on se fasse à ce sujet ; la possession, même en pensée, de l'être aimé en dehors de son but légitime doit être réprouvée suivant les lois divines et humaines. Lorsque l'une des deux parties *n'est pas libre*, c'est s'abuser gravement que de croire que l'amour platonique soit *pur :* il n'en est *rien*, cet amour est condamnable, et ce qu'il y a de mieux à faire, suivant les règles de la prudence, c'est de le combattre au début en évitant les relations d'amitié, ou toute autre, avec la personne qu'on se sent prédisposé à aimer ; sinon on s'expose à s'abandonner à ces *rêves dorés* (puisque c'est le mot en usage) qu'enfante une imagination incontenue par la foi et par l'amour de Dieu, qui, laissant le cœur vide d'affection légitime, n'a pour réveil que d'amères déceptions, d'inutiles regrets d'avoir poursuivi une chimère dont le résultat certain est d'empoisonner le reste de la vie qu'on s'était plu à transporter dans les nuages, au lieu de vivre de la vie réelle qui est la *vie chrétienne*.

L'ANÉMONE

Cette fleur *symbolise l'abandon et la tristesse.*
La première de ces deux dénominations entraîne
naturellement l'autre à sa suite. Quoi de plus
triste en effet que d'être abandonné de ceux qu'on
aime ? Quoi de plus déchirant pour un cœur aimant
que l'oubli ? Quelle déception plus amère que de
cesser de plaire à la personne aimée, puisque, ainsi
qu'il est dit, « *qui plaît est roi, qui ne plaît plus
n'est rien !* »

LE LILAS ROSÉ

Que j'aime à voir cette charmante fleur penchée
sur sa tige en forme de grappes ! Elle est une des
premières à venir saluer l'apparition du printemps ;
elle parfume l'air de son arome embaumé en même
temps qu'elle sourit à nos regards. Le lilas est le
symbole de la première émotion d'amour contre

laquelle il est toujours prudent de *se mettre en garde*, si on ne veut se voir exposé aux déceptions d'un mauvais choix ou aux regrets d'un amour malheureux.

LE SOUCI

Cette fleur, quoique dépourvue de parfum et même de beauté, n'en a pas moins sa place dans nos parterres, comme *son nom*, dont elle est le *symbole*, a la sienne marquée dans chaque existence, nul de nous n'étant à l'abri de souci. Il est vrai de dire que nous nous plaisons souvent à nous en créer d'imaginaires, pires cent fois que les réels, et que c'est à la manière dont on sait prendre ses peines qu'on les *allége* ou qu'on les *aggrave*. C'est en cela surtout que la morale du Christ nous prouve son incontestable perfection, en plaçant à côté de chaque douleur la résignation au doux regard, qui *seule* sait rendre tous les maux humains supportables.

LA BELLE-DE-JOUR

Jolie fleur, *emblème de la coquetterie*, tu étales tes charmes pour en faire ressortir l'éclat. Voilà pourquoi on t'a nommée belle-de-jour. Il y aurait bien, ma mignonne, un petit cours de morale à te faire, si on voulait analyser tous les ressorts que tu mets en jeu pour t'attirer les regards de tous afin d'en recevoir les hommages dus à ta beauté.

Je me bornerai à te dire que la coquetterie ne rapporte pas le centième de ce qu'elle coûte en soins et préoccupations de toutes sortes, et que l'art *nuit* souvent beaucoup plus qu'il ne *sert* à tes fins. En effet, est-il nécessaire de rehausser l'éclat de la beauté pour la rendre attrayante? Non; les vains apprêts dont on se plaît à l'entourer et à l'orner ne sont qu'illusoires; ils ne représentent qu'une valeur d'emprunt qui n'ajoute rien à la valeur réelle. Ce qui est beau est toujours beau, même dans sa simplicité, attendu que l'art ne sert souvent qu'à voiler les défauts et les imperfections sans pour cela les détruire; et d'ailleurs, le plus grand charme de la beauté n'est-il pas d'être naturelle?

LA BELLE-DE-NUIT

Que j'aime la *timidité* dont tu es le charmant *emblème!* Tu te caches lorsque Phébus apparaît sur son disque radieux ; tu sembles redouter ses brûlants rayons ; tu préfères n'être belle que la nuit. Tu as mille fois raison, charmante fleur, car la beauté qui s'étale à tous les regards n'est pas la vraie beauté ; elle n'en est que le pâle reflet. Il en est de même de ces femmes frivoles et coquettes qui, au mépris des lois saintes de la pudeur, s'affichent dans le monde par la hardiesse du regard, la désinvolture du maintien et de la démarche, le décolleté de leur mise qui choquent les regards lorsqu'elles viennent étaler leurs charmes et agréments de personnes dans le *domaine public*, et cela au milieu d'une société d'élite qui oublie qu'une femme sans pudeur est comme une rose sans parfum, et qu'aux yeux de la religion comme à ceux des mœurs et d'une bonne éducation, elle est *moralement déflorée* aux yeux des honnêtes gens.

Cette expression paraîtra peut-être *trop forte* aux yeux des *consciences élastiques* ; elle n'est pourtant que l'expression *vraie* des consciences

qui, sans être timorées à l'excès, veulent la femme
telle que Dieu l'a créée, c'est-à-dire parée des
charmes et agréments dont il s'est plu à la doter,
embellis encore par l'attrait de la modestie, les
recouvrant d'un voile pudique qui les rend impénétrables à tous les regards.

Garde donc ta timidité, fleur aimée des femmes
chrétiennes dont tu es l'image ; cette qualité a bien
son prix aux yeux de ceux qui savent apprécier le
charme d'un cœur candide et pur, d'une imagination calme sous l'empire de pensées suaves et
chastes comme l'aurore d'un beau jour, qu'un *rien*
intimide, parce que la timidité comprend, *par*
intuition, que ce sont des *riens* qui conduisent
souvent aux *grandes choses*.

LE BUIS

Le buis restant toujours vert est l'*emblème de*
la stoïcité, apanage des âmes fortes que rien ne
peut émouvoir. Ainsi qu'elles, il résiste à tous les
coups du sort. Rien ne déracine le buis ; il résiste
aux fureurs de la tempête, il plie sous l'aquilon,
et Borée lui-même se reconnaît vaincu. Il a été

choisi pour entourage de nos parterres dont il abrite les fleurs, puis il est encore le rameau chéri du chrétien, en souvenir de la part qu'il a prise au glorieux triomphe du Christ lors de son entrée à Jérusalem. Il est probable que c'est l'olivier et surtout le palmier qui ont fourni les rameaux bénis qui ont été étendus sous les pas du Sauveur; mais, dans notre pays de France, le buis ayant été le signe représentatif de cette ovation préparatoire du grand drame de la croix, nous lui avons laissé sa signification religieuse. A ce titre, il orne le chevet des vivants et sert d'entourage à leurs tombes. Le cercueil qu'elles renferment peut être comparé au berceau, puisque l'un et l'autre sont destinés à contenir l'homme dans les deux plus grandes phases de son existence terrestre, savoir son entrée dans la vie et sa sortie de cette même vie, dont l'une est la conséquence de l'autre. Plus heureux encore que le berceau, le cercueil qui renferme sa dépouille mortelle, fier de son précieux dépôt, le rendra à la voix de Dieu, plein de gloire et d'immortalité!

LE MYRTE

C'est couronnées de myrte que les vestales se rendaient au temple de la déesse Vesta pour y entretenir le feu sacré sur ses autels. Voilà pourquoi les anciens l'avaient choisi pour en faire *l'emblème de l'amour*. En effet, ne fallait-il pas que ces vierges païennes eussent un véritable amour pour la déesse Vesta, lorsqu'elles lui consacraient leur vie tout entière sans autre récompense que celle attachée à l'honneur de la servir?

Plus heureuses que les vestales, les vierges chrétiennes se voient revêtues du glorieux titre d'épouses du Christ.

Elles savent qu'en se dévouant à son divin culte, la plus douce des récompenses les attend le jour où, réunies à leur céleste époux, elles jouiront des béatitudes éternelles. Saintes filles, vous nous apparaissez comme des échappées du ciel, afin de nous aider par votre pieux exemple à y mériter notre place. Restez dans vos pieux monastères; là vous y êtes à l'abri de la contagion du siècle; là vous vivez en paix. Votre vie s'écoule pure, chaste et limpide comme l'eau du ruisseau dans la vallée;

vos douces prières, semblables à celles d'Abel le juste, s'élèvent au ciel comme un parfum d'une agréable odeur jusqu'au trône de Dieu, dont elles fléchissent le courroux; elles forcent la main à sa miséricorde en faveur de ceux qui foulent aux pieds sa loi sainte.

Croyez-en mon expérience, la vie du *renoncement* est non-seulement la plus *glorieuse*, elle est encore la plus douce comparée à la vie du *dévouement*, attendu que l'une est toute personnelle, le sacrifice est volontaire et ne s'étend pas au delà d'une règle connue à l'avance, tandis que l'autre, ignorée à son début, se complique et se multiplie sur chaque membre aimé d'une famille qui ne tient pas toujours compte des sacrifices qu'impose le dévouement. Qu'il est triste de reconnaître que l'ingratitude est passée dans les mœurs de la société moderne, au sein de laquelle *l'amour filial*, le plus naturel et le plus pur des amours terrestres, est passé à l'état de *mythe* : de là sa dégénérescence!... L'extinction de ce sentiment n'entraîne-t-il pas fatalement à sa suite celle des plus nobles qualités de l'âme et du cœur?

LE NOISETIER

La fleur du noisetier n'a rien de remarquable ;
mais ses noisettes nous en dédommagent amplement. Il est le *symbole de l'union et de la concorde*.
C'est sans doute parce que c'est sous son vert
feuillage que le doux Virgile, dans ses *Eglogues*, a
su réconcilier l'homme avec la nature, cette tendre
et vigilante bienfaitrice dugenre humain.

L'AMANDIER

L'amandier est l'*emblême de l'étourderie*, parce
qu'il se hâte trop d'épanouir sa jolie fleur rosée
quand l'aquilon se fait encore sentir, ce qui lui
empêche souvent de produire son fruit. Semblable
en cela aux imprudents et aux étourdis qui agis-
sent sans réflexion, il le voit tomber, comme ceux-ci
voient échouer les projets les mieux conçus, tant

il est vrai qu'à chaque chose il faut le temps
voulu pour qu'elle réussisse, comme à chaque pro-
jet il faut la maturité nécessaire pour le mener à
bonne fin. N'est-il pas dit d'ailleurs que « tout vient
à *point* à qui sait et *peut attendre* »?

LE PAVOT

Le paganisme l'avait désigné sous le nom de
Morphée ou le dieu du sommeil. Mieux inspirés
qu'eux, nous faisons du pavot l'*emblème du sommeil*, mais nous ne le déifions pas. Nous le regar-
dons comme un doux repos nécessaire à notre
fatigue, comme un interrègne entre la vie et la
mort. Nous ne considérons les songes qu'il nous
envoie que comme des hallucinations trompeuses
et sans réalité, mais jamais comme des pressen-
timents ou des révélations de ce que l'avenir nous
réserve. Le Créateur, dans sa sagesse suprême,
a couvert l'avenir d'un voile impénétrable qu'il
nous défend de chercher à soulever à l'aide de la
nécromancie ou tout autre moyen de divination.
Remercions-le donc de ce bienfait inappréciable,
car la connaissance des peines et des chagrins que

la plupart du temps l'avenir nous réserve empoisonnerait notre bonheur présent et assombrirait nos joies éphémères. Eh! que deviendrions-nous, hélas! s'il fallait au chagrin d'aujourd'hui ajouter celui de demain? N'est-il pas dit « qu'à chaque jour suffit sa peine.»? Abandonnons-nous donc aux soins de la Providence sans *réserve aucune*; mettons-nous à sa *discrétion* et, avec la docilité et la confiance d'un enfant qui croit à la tendre sollicitude de son père, laissons-la nous diriger et nous conduire selon ses fins, qu'il nous est donné de seconder en nous inspirant de ses divins préceptes; puis, à l'aide de cette sublime résignation chrétienne qui rend tous les maux humains supportables, sachons nous soumettre sans plaintes et sans murmures à ses décrets immuables et impénétrables.

LE FRAISIER

Quoique le fraisier soit une plante presque rampante sur le sol et que sa fleur offre peu d'attrait, il n'en est pas moins digne de toutes nos sympathies par l'excellence de son fruit. C'est avec raison qu'on en fait l'*emblème du dévouement* et *de la gé-*

nérosité, deux charmantes qualités qui se tiennent par la main et dont l'une est le corollaire de l'autre, attendu qu'on n'est vraiment généreux qu'autant qu'on est dévoué. Le dévouement est la première qualité du cœur, qui à elle seule les remplacerait toutes. Elle a surtout cela d'exceptionnel, c'est de ne jamais se démentir. Une bonne nature ne *varie jamais*. En toute circonstance vous la trouverez toujours prête à obliger avec cette grâce naturelle qui est un second bienfait. Elle se dévouera toujours et quand même là où on réclamera le dévouement sous quelque forme que ce soit. *L'esprit, le talent et la beauté* sont éclipsés par cette précieuse qualité devant laquelle on s'incline instinctivement par son indéfinissable attraction. Elle est *la seule* pour laquelle le temps n'ait pas d'ailes : elle semble, au contraire, s'augmenter avec les années et couvrir d'un voile les rides et les cheveux blancs de la vieillesse. *Cette vieillesse tant redoutée*, lorsqu'on l'envisage à froid, n'a pourtant rien de si redoutable : n'est-elle pas le *reflet* de la vie dont la mort est l'*écho*? Il est bien rare qu'une vie écoulée dans la pratique du bien n'en conserve pas l'heureuse empreinte et qu'elle ne s'éteigne avec la sérénité d'une âme pure qui prend son essor vers le ciel ! Inspirons-nous donc de ce sentiment d'un dévouement sans bornes, qui aura pour résultat non-seulement notre propre bonheur, mais encore celui de notre entourage ; et si Dieu nous prête

longue vie, n'oublions pas que, quand on *est
vieux* et qu'on n'est pas *bon et dévoué*, à quoi
est-on *bon?*

LE FRAMBOISIER

Le framboisier se plaît surtout à l'ombre ; il est
l'*emblème du doux langage*, prestige contre lequel
il est prudent de se mettre en garde ; le langage
élogieux s'y rattache souvent. Il est d'autant plus
dangereux que, semblable au dard du serpent, il
s'insinue à notre insu pour mieux inoculer son
subtil poison. Défions-nous donc des flatteurs, dont
l'âme basse et vile ne nous comble d'éloges que
dans le but d'en profiter, ce qui a en outre le
grave inconvénient de nous rendre trop fiers de nos
avantages, et celui non moins grand encore de
faire disparaître en nous cette touchante simplicité
qui est la compagne ordinaire du vrai mérite. La
simplicité a le don heureux de plaire à tout le
monde, aux plus grands comme aux plus petits,
attendu qu'elle fait ressortir les avantages des uns
sans humilier les autres. Car qui peut ne pas
aimer une personne *vraiment simple?* La simplicité
est sœur de l'humilité, si difficile à pratiquer avec

notre orgueilleuse nature, qu'il lui est aussi impossible de le faire dans toute l'acception du *mot* qu'il nous est difficile de gravir une montagne escarpée sans reprendre haleine. J'en appelle au lecteur...

LE ROMARIN

Le romarin est le touchant *symbole de la franchise et de la bonne foi*. Son arome donne aux bois leurs douces senteurs. Les anciens en tressaient des couronnes destinées aux vainqueurs, et les jeunes filles en paraient leur luxuriante chevelure aux jours de fête. De nos jours sa présence ranime en nous l'espoir ; il embaume nos parterres de son suave parfum qui attire l'abeille ; c'est dans le calice de sa fleur qu'elle puise son miel le plus exquis, comme c'est sur le sommet des montagnes que les moutons viennent paître leur nourriture privilégiée.

LA RENONCULE

Opposée au *symbole* du romarin, la renoncule nous offre celui *de la perfidie*, attendu qu'elle recèle dans sa corolle un parfum brûlant qu'on ne peut respirer sans danger. Elle serait même un poison, si on avait le malheur d'en manger. Semblable au vice dont elle est l'emblème, elle rend le mal pour le bien et paye les bienfaits par la haine, la perfidie et la méchanceté. Hélas! combien est grand le nombre de ceux qui ressemblent à la renoncule!

L'HÉLÉNIE

On a choisi cette fleur pour être *l'emblème des pleurs*. Lequel d'entre nous ne renferme en lui cet emblème, puisque dès nos plus tendres ans nous commençons à répandre des larmes? S'il en est parfois de douces, la plupart du temps elles sont amères, surtout lorsqu'elles coulent sur une tombe qui renferme l'enveloppe de ceux que nous avons aimés. Cependant les larmes sont nécessaires dans les instants de grandes douleurs : elles sont le canal par lequel notre cœur en déverse le trop-plein ; autrement il en serait oppressé au point d'en arrêter les pulsations.

Les larmes nous soulagent, et si elles sont impuissantes à nous consoler, elles nous aident du moins à gagner du temps, qui emporte avec lui nos plaisirs et nos peines. Il n'est qu'une seule douleur qui lui résiste, c'est celle produite par les angoisses de la misère, qui s'augmente avec les années par son cortége inséparable d'infirmités dont elle est la source, comme par une vieillesse anticipée par les dures privations qu'elle entraîne à sa suite.

L'HÉLIOTROPE

Cette fleur personnifie une constance sans fin. Voilà pourquoi on en a fait l'*emblème de la constance*. La constance est une des qualités les plus précieuses, et j'ajouterai même la plus rare, dans un siècle où tout est léger et vaporeux, hommes et

choses ; ou encore la *constance en amour* n'est
plus considérée que comme un bel idéal sans réalité ou un de ces doux rêves dans lesquels notre
imagination se complaît à se bercer de cette douce
chimère qui, si elle n'est pas le bonheur — puisqu'elle ne garantit pas la constance de l'objet aimé,
— en tient souvent lieu. Et combien d'entre nous
n'en ont goûté d'autre que celui que leur offraient
d'agréables chimères ?

L'héliotrope mérite surtout d'être comparée à la
constance, parce qu'elle tourne constamment sa tête
du côté du soleil afin de le suivre dans son évolution à travers la route des cieux. Inspirons-nous
donc de ce beau modèle pour rester constants dans
nos amours, dans nos affections de famille et dans
notre amitié envers nos amis.

L'HORTENSIA

L'hortensia serait une jolie fleur si elle n'était
pas privée de parfum et si sa nuance indécise ne
lui donnait l'apparence de ces êtres froids qui ne
prennent aucune part à ce qui se passe autour
d'eux ; voilà pourquoi on en a fait l'*emblème de la*

froideur et de l'indifférence. Tristes dons inhérents aux natures sèches et égoïstes qui ne vivent *qu'en elles et que pour elles.* Malheureusement le nombre en est grand parmi nous, qui avons fait de l'*odieux moi* le mobile de presque toutes nos actions.

Quelles sont rares de nos jours ces natures d'élite dont le dévouement est la vie! Semblables aux eaux du Nil qui fertilisent les terres qu'il arrose, elles ne font consister leur propre bonheur que dans celui qu'elles procurent à ceux qui les environnent, lesquels, au lieu d'admirer en elles ce beau sentiment, l'exploitent à leur profit, tant l'amour *désordonné du moi* absorbe chez eux toutes les facultés de l'âme et du cœur. Ce dernier non-seulement reste indifférent aux plus douces expansions, mais il finit à la longue par s'atrophier et devenir tout à fait insensible aux peines d'autrui. C'est pour combattre en nous cette fatale tendance à l'égoïsme que le Christ a posé comme fondement de sa sublime morale l'amour et le dévouement.

L'ÉGLANTIER

L'églantier nous apparaît comme étant *le symbole de la poésie,* cette fille des cieux dont le lan-

gage seul peut rendre les beautés et les merveilles
qu'ils renferment. En effet, quoi de plus éloquent
que cette langue rhythmée qui dépasse ce que l'imagination du vulgaire peut comprendre? Semblable à
ces météores brillants, la poésie domine et plane
sur les mondes créés de l'intelligence; elle grandit
tous les sujets qu'elle traite; elle nous élève par
la pensée à la hauteur incommensurable qui sépare le ciel de la terre; elle nous révèle la grandeur de notre destinée; elle nous fait comprendre les mystères de la création, et c'est dans sa
langue sublime qu'elle offre son encens à leur
auteur.

Pourquoi faut-il qu'aujourd'hui elle soit si peu
goûtée? La réponse en est bien facile : c'est que le
dix-neuvième siècle, *dit le siècle des lumières et du
progrès*, tourne au prosaïsme le plus complet,
ayant fait du *confort* une véritable idole. Les
hommes, de nos jours, se trouvent, par ce fait,
privés des plus douces jouissances de la vie; ils
ne se meuvent que dans l'horizon étroit des spé-
culations ou celui de satisfactions purement matérielles qu'ils ont surnommées du nom pompeux *de
confortable*; ils s'y complaisent comme si elles
devaient durer toujours, au lieu de s'efforcer à rendre leurs goûts simples, seul moyen de rendre la
vie facile pour soi et pour les autres. Semblables à
Sardanapale, ils vivent dans une telle mollesse que,
si Diogène parcourait nos cités sa lanterne à la

main, je doute fort qu'il rencontrât *un homme vraiment* digne de ce nom.

LE CHÈVREFEUILLE

Le chèvrefeuille, avec ses ligaments, est le *symbole des liens d'amitié*, parce que, ainsi que lui,
l'amitié vraie et sincère doit entourer de ses plus
tendres soins les êtres aimés, comme celui-là se
plaît à entrelacer de ses flexibles branches l'arbre
auquel il s'attache. Cette fleur charmante par sa
forme gracieusement penchée sur sa tige mignonne,
exhale un parfum si doux qu'on le respire avec
sécurité, avantage que n'offrent pas beaucoup d'autres fleurs. Voilà pourquoi on le préfère pour
garnir les bosquets sous lesquels nous aimons à
nous reposer de nos fatigues, à l'abri des importuns
ou des oisifs dont chaque pays abonde.

LA HYACINTHE

Cette fleur, sans être précisément aussi jolie que beaucoup d'autres, n'est cependant pas dépourvue d'agrément ; sauf son parfum trop odorant pour l'appartement, elle figure bien parmi ses sœurs. *Elle symbolise les jeux* auxquels il est permis de se livrer au jeune âge, à la condition cependant que dans l'adolescence on n'y introduira pas, sous le nom spécieux *de jeux innocents*, des amusements entre sexe différent. Ils ne sont pas sans dangers, permettant certaines familiarités qui peuvent dégénérer en licence, si la réserve et la modestie en étaient absentes. Et comme il est assez difficile de fixer la limite des rapports, mieux vaut s'en abstenir que de s'exposer à en établir de regrettables.

Rien de charmant comme ces jeux d'enfants lorsque, allègres et joyeux, ils volent plutôt qu'ils ne marchent vers le but assigné, ou qu'ils se précipitent avec la légèreté de la gazelle sur une balle ou tout autre jouet désigné pour être la proie du vainqueur. Amusez-vous, chers enfants, jouissez longtemps (puisque ce ne peut être toujours) de l'innocence de votre âge, ce don précieux dont on ne connaît le prix qu'après l'avoir perdu. Hélas! que ne pouvez-vous rester *toujours petits*. Combien de fois, dans le cours de sa vie, l'homme ne se retourne vers ce lointain passé qu'en poussant un soupir de regret vers ce temps heureux où, à l'abri des soins et des préoccupations qui l'assiégent, il jouissait en paix de vos plaisirs et de vos innocentes récréations! Le chrétien seul vieillit sans regrets; pour lui la tombe ressemble au berceau : ce dernier s'ouvre à l'aurore de sa vie, l'autre à son déclin ; l'un pour une courte durée, l'autre pour une durée sans limites dans la contemplation de son Dieu, s'il l'a adoré et servi en *esprit* et en *vérité* comme il mérite de l'être, et que, sans *rougir* de sa foi ni de l'*exercice* de son culte, il a su cacher aux regards des hommes une piété qui doit être plutôt *intérieure qu'extérieure*, afin de ne pas s'en faire près de certains d'entre eux un sujet *de pose*, encore moins un *piédestal* pour se grandir dans leur opinion.

LE GÉRANIUM

La ressemblance de la capsule du géranium avec le bec d'une grue, oiseau dépourvu d'intelligence,

l'a fait choisir pour *emblème de la bêtise*. J'avouera
franchement qu'en face d'un pareil emblème je me
trouve légèrement dépourvue d'inspiration pour en
décrire les charmes et agréments. Je me bornera
donc à réclamer l'indulgence de mes lecteurs pour
ceux d'entre eux qui peuvent lui être comparés. Je
leur rappellerai que « n'a pas d'esprit qui veut » ;
on ne tient ce don précieux que de Dieu seul, qui en
dispense à son gré : rien au monde ne le remplace.
Érudition, science et talents ne peuvent que bien
peu l'augmenter, et souvent même ils lui nuisent en
lui ôtant ce charmant naturel qui en fait le principal
mérite, attendu que « l'esprit qu'on *veut avoir*
nuit toujours à celui qu'on *a*. » C'est donc bien à
tort que celui qui en est favorisé s'en montre si
fier et si orgueilleux, d'autant plus que ce n'est
pas le plus ou le moins d'esprit qui nous rend heureux ou supérieur aux autres, mais seulement le
parti que nous savons en tirer. En sachant bien se
servir du peu d'esprit qu'on *a*, cela équivaut *à beaucoup*, et cela est souvent préférable. « Beaucoup
d'esprit, a dit la Rochefoucauld, ne sert souvent qu'à
faire plus hardiment des sottises », et en cela je le
crois dans le vrai.

LE GRENADIER

Le grenadier est l'*emblème de la fatuité*, parce que ses fleurs, quoique fort belles, sont dépourvues de parfum. Semblables au fat, elles n'ont que l'extérieur, comme celui-ci n'a que quelques agréments de personne dans lesquels il fait consister tout son mérite. Pauvre mérite, surtout pour un homme qui devrait se rappeler que, faisant partie du sexe le plus noble, il devrait dédaigner d'aussi futiles avantages. Aussi la fatuité est-elle l'apanage de la sottise. Ne cherchez pas d'esprit chez un fat, vous ne trouverez dans son étroite cervelle que l'orgueil et la présomption à l'aide desquels il espère attirer les regards de ces femmes superficielles qui, pour elles comme pour autrui, n'attachent de prix qu'à cette *valeur éphémère*, ce qui prouve chez les deux *sexes* qu'ils se reconnaissent complétement dénués de *valeur réelle*, de cette valeur sur laquelle le temps n'a pas d'empire, puisqu'elle s'accroît avec les années.

LA GIROFLÉE

La giroflée est l'*emblème de la beauté durable*
par la continuité de sa floraison. Elle doit sans
doute ce précieux avantage à la multiplicité de ses
boutons qui renaissent au fur et à mesure que ses
fleurs tombent. Que ne peut-il en être de même de
nous lorsque le temps qui détruit tout nous enlève
l'un après l'autre les charmes et les agréments
de la jeunesse? Le divin ordonnateur des mondes
ne l'a pas voulu ainsi, et, malgré le regret que
nous éprouvons à nous en voir dépossédés, nous
sommes forcés de reconnaître en cela comme en
toutes choses sa haute sagesse. Il a voulu par ce
moyen nous frayer le chemin qui conduit à la tombe,
attendu qu'il nous serait trop affreux d'y descendre
parés des avantages que nous tenons de la nature,
tandis qu'en nous les enlevant en partie pendant le
parcours de la traversée, le sacrifice du peu qui
nous en reste devient plus léger; c'est donc avec
raison qu'il est dit : « Vieillir, c'est apprendre à
mourir. »

LA SCABIEUSE

Cette fleur est l'*emblème de la douleur*, et en particulier de celle des veuves, comme étant une de celles qui déchirent le plus le cœur des femmes. En effet, quoi de plus douloureux que de se voir séparée d'un mari qu'on aime lorsqu'il s'en est montré digne? quoi de plus triste que de tracer seule son sillon sur cette terre ingrate qu'on appelle la vie, lorsqu'on était habituée à voir une main amie en écarter les ronces et les épines qui la couvrent? Quelle triste chose que d'être privée de cet appui tutélaire sur lequel, au jour du danger, on aimait à s'appuyer! En échange de ces bienfaits, l'épouse offrait à ce soutien aimé une affection vraie et sans partage, prouvée par un dévouement sans bornes qui est dans l'essence de la femme.

Il y a cette différence bien marquée dans l'amour que se portent mutuellement les deux sexes : l'homme, orgueilleux et fier de sa PRÉTENDUE *suprématie*, se croit toujours *sûr d'être aimé*, tandis que la femme, beaucoup plus modeste, *doute toujours qu'on l'aime*. A qui la palme? C'est à vous, lecteur et ami, que je laisse le soin de la décerner à celui des deux qui vous en paraîtra le plus digne.

LE TILLEUL

Symbole de l'amour conjugal, la fleur du tilleul n'offre pas à nos regards cette attrayante beauté de beaucoup d'autres; mais, en revanche, elle nous représente l'image d'un des plus purs et des plus doux sentiments du cœur. Quoi de plus saint que l'amour de deux êtres créés pour s'aimer et qui, unis à cette fin par une estime réciproque et justement méritée, nous offrent le ravissant spectacle d'un bon ménage? Y a-t-il sur la terre quelque chose de plus délicieux que cette existence à deux, où chacun des époux est la vie de l'autre et la doublure de son âme? Non; rien ne peut lui être comparable lorsqu'ils savent en comprendre les pures et suaves jouissances, en même temps qu'ils en remplissent *scrupuleusement les grands devoirs*. Unis au pied des autels du Dieu trois fois saint, et suivant sa loi divine, qui veut avant tout *le choix des personnes*, cet heureux couple chrétien jouit du bonheur possible en ce monde, le faisant consister d'abord dans l'accomplissement des préceptes divins sanctionnés par *l'inviolabilité de la foi jurée*, par leur mutuelle affection comme par la transmission par voie de filiation de cet amour de Dieu d'où découlent tous les amours purs et légitimes de la terre.

LA TUBÉREUSE

Cette fleur est le *symbole de la volupté* qui, semblable à elle, renferme dans son sein un parfum qui enivre et qui *tue*. Si tu veux, ami lecteur, te mettre à l'abri des dangers que cette fleur ainsi que son emblème t'offrent, évite de respirer l'une et de connaître l'autre. Mets-toi en garde contre leurs poisons, *voilés par leurs attraits fascinateurs*; sache résister à leur pernicieux prestige en opposant à la fleur une volonté forte qui t'empêche de la cueillir, et à son emblème oppose le souvenir de la pudique chasteté de Joseph, dont tant de siècles écoulés ont conservé l'immortel souvenir.

LA VÉRONIQUE

Quel charmant *emblème* nous offre cette fleur, celui *de la fidélité!* N'est-ce pas cette précieuse qualité qui est la gardienne de nos affections ainsi que de celles que nous inspirons nous-mêmes? C'est à tort que l'on confond souvent la fidélité avec la constance, en raison de l'affinité qu'il y a entre elles. Ces deux qualités sont cependant différentes dans leurs acceptions, l'une étant obligatoire puisqu'elle est le résultat d'un engagement pris ou d'un serment prononcé, tandis que l'autre est purement volontaire et n'émane que de notre propre nature, qui nous porte à mettre de la constance dans nos goûts comme dans nos affections. C'est une qualité précieuse sans doute, mais ce n'est qu'une qualité.

La fidélité relève de plus haut. Voilà pourquoi elle mérite d'être rangée au nombre des vertus, comme son antagoniste *le parjure* a sa place marquée parmi les crimes. *Le parjure, un crime!* s'écrieront les violateurs de leurs serments. Force m'est donc de leur répondre : Oui, *le parjure est un crime!* puni comme tel par les lois divines et humaines, parce que, terrible dans ses conséquences, il réduit à néant l'engagement pris. Mais il devient *odieux* lorsqu'il a pour objet la violation d'un serment en vertu duquel l'auguste sacrement de mariage nous a été déféré.

C'est en vain que les hommes de nos jours se rient et se moquent du lien qui les engage, en considérant leur infraction au serment prononcé au pied des autels comme une *espièglerie* sans conséquence de leur côté et désignée sous le nom plaisant « *d'un coup de canif dans le contrat.* » Ils s'abusent grossièrement, car aux yeux de Dieu comme à ceux des gens de bien, ils n'en sont pas moins d'*indignes violateurs du serment le plus saint et le plus sacré qu'il y ait sur la terre*, prononcé à la face de Dieu et des hommes ! Et lequel d'entre eux ne couvre d'un profond mépris *le parjure ?* Le crime est le même, *quelles qu'en soient les conséquences,* attendu que le parjure n'a pas de sexe auquel il s'applique.

La violation du serment de fidélité du côté des femmes entraîne les conséquences les plus funestes et les plus déplorables au sein de la société dont *leur vertu est le pivot. La vertu des femmes* n'est-elle pas le gage assuré des liens de filiation, de la transmission des noms héréditaires, de la fortune patrimoniale, du respect dû au nom du chef de la famille, de la paix entre chacun de ses membres et de l'honneur qui siége au foyer domestique ? En un mot, *la vertu des femmes* est la gardienne des intérêts privés, la sauvegarde de tous les désordres, la prospérité de la famille comme la prospérité et la gloire des nations. C'est donc avec raison que M. le Play a dit que « la femme sage et pudique est la providence du foyer. »

C'est donc aux mères qu'incombe la glorieuse tâche d'élever leurs filles avec *l'horreur de l'adultère même moral*, qui, heureusement pour les mœurs, est le plus fréquent, afin que notre belle patrie puisse se montrer heureuse et fière de constituer une nation qui, par sa piété et sa moralité, est vraiment digne de son glorieux titre de *fille aînée de l'Église!*

LE MARRONNIER D'INDE

Le marronnier fut de tout temps choisi pour être l'ornement des parcs royaux et des jardins. Cette préférence lui est due à tous égards, d'abord par ses branches si multiples et si touffues d'un joli vert nuancé, ensuite par ses jolies fleurs légèrement rosées qui retombent en grappes gracieusement inclinées sur leurs tiges ; aussi en a-t-on fait l'*emblème du luxe. Le luxe !* que dire à ce sujet qui n'ait été dit et répété dans les siècles passés comme dans les temps présents, sur tous les tons et sur toutes les gammes? Je ne puis donc que me joindre à ceux qui l'ont signalé comme le plus grand des fléaux au sein des sociétés modernes. Comment définir cet assemblage de futilités qui le constituent, dans lesquelles tant de gens font consister leur bonheur? Bonheur, hélas! bien éphémère et qui, pour comble de malheur, entraîne tant de désastres à sa suite!

Chez les nations (s'il en existe encore) où la raison règne et gouverne, il n'est jamais employé que lorsqu'il peut être utile, comme dans une grande manifestation religieuse, politique ou nationale, qui serait privée de son plus grand éclat, si l'art n'était rehaussé par un luxe pompeux qui vient ajouter le prestige du regard à la magnificence de la cérémonie. Dans ce cas, il n'est jamais une cause de ruine pour personne, attendu que les fonds qui y sont employés ne proviennent jamais que de dons volontaires ou des ressources que possède chaque localité.

Mais le luxe dans la vie privée devient un véritable vautour lorsqu'il se glisse dans les mœurs. Il dévore et engloutit les fortunes les mieux assises; il sème la discorde au milieu des familles, auxquelles il dérobe le nécessaire pour le sacrifier au superflu; il est encore *l'écueil le plus redoutable pour la vertu des femmes*, qui malheureusement se laissent trop facilement éblouir par son attrait fascinateur. Et à qui faut-il s'en prendre de leur amour désordonné pour ces *si coûteux* colifichets, si ce n'est aux hommes eux-mêmes, par le trop grand prix qu'ils attachent à voir les femmes rehausser l'éclat de leurs charmes par cette *valeur d'emprunt*, au lieu d'aimer à les voir briller par l'éclat de leurs vertus et à ne les aimer qu'en raison du soin qu'elles mettent à les pratiquer?

S'il en était ainsi, la femme, née pour plaire, et chez laquelle ce désir *est inné*, s'appliquerait à acquérir les vertus et les qualités de son sexe avec autant de soin qu'elle en met à orner sa personne de ces mille *riens* dont la coquetterie fait l'arsenal de toutes ses batteries; les femmes rivaliseraient entre elles à qui sera la plus vertueuse et la meilleure, avec le même empressement que celui qu'elles mettent à se surpasser par l'élégance de leur mise, qui n'est pour elles qu'une *valeur idéale* à défaut de cette *valeur réelle* qui non-seulement ferait de l'amour un sentiment sérieux et sincère, mais qui posséderait encore l'heureux don de le fixer. N'est-il pas prouvé, d'ailleurs, qu'à moins d'être disgraciée de la nature au point d'être qualifiée « *d'un remède contre l'amour* », rien n'est plus facile que d'inspirer ce sentiment? Mais le grand art, inconnu à tant de femmes frivoles et coquettes, c'est celui *de le fixer...*

Si quelques pères et tant de maris ont le droit de se plaindre des frais énormes que coûte la toilette exagérée de leurs filles ou de leurs femmes, n'a-t-on pas celui de leur répondre : « Puisque vous appartenez à ce sexe qui, par sa fastidieuse adulation de la *femme parée* avec le luxe que la coquetterie entraine toujours avec elle, que ne faites-vous une *révolution sociale en sens contraire?* Car, après tout, si nous sommes coquettes et luxueuses, à qui la faute? A vous seuls, mes beaux messieurs, ne vous en déplaise. Aimez-nous désormais pour les qualités de notre cœur et pour les charmes de notre esprit, qui nous consolent de la perte de nos agréments de personnes, et vous nous verrez bientôt abandonner sans regret ce qui auparavant avait tant d'attrait pour nous, qui *voulons et voudrons toujours vous plaire*, peu importe à l'aide de quels moyens. C'est donc à vous de nous les indiquer. Votre honneur, votre dignité, votre repos et votre bonheur sont attachés au choix que vous saurez en faire ; *ceci vous regarde, réfléchissez-y bien*. . . . .

Il ne s'ensuit pas de ce qui précède que je veuille innocenter mon sexe de ce grand travers nommé « *la coquetterie féminine* »; loin de là, puisque mon but est de lui en faire comprendre les dangers ainsi que ses fatales et désastreuses conséquences. J'ai seulement voulu, à mon point de vue, indiquer le moyen d'en arrêter le torrent.

Je ne puis terminer ce long article sans rappeler encore à mes lecteurs et surtout à mes chères lectrices que le luxe poussé jusqu'à l'excès, comme il l'est de nos jours, a perdu les générations éteintes comme il perdra la *société moderne*. S'il continue à progresser comme il l'a fait depuis un demi-siècle et surtout depuis ces vingt dernières années, il perdra la génération future jusqu'au jour où quelque cataclysme imprévu viendra arracher le bandeau qui couvre tant d'intelligences *en proie au délire!*... Il n'est nul besoin d'être prophète pour tirer de ce qui se passe sous nos yeux une pareille induction ; elle n'en est que la conséquence *logique et inévitable*.

Pourquoi faut-il que les divins préceptes de l'Évangile soient ainsi méconnus? Eux seuls pourraient ramener au port du salut cette société à la dérive et l'empêcher de tomber dans le gouffre béant de la plus horrible misère, misère d'autant plus affreuse qu'elle sera la conséquence fatale de cet amour désordonné du luxe qui enserre et envahit la société tout entière à tous les degrés de l'échelle sociale.

LE ROSEAU

Le fragile roseau est le *symbole de l'indiscrétion*. Cela se comprend lorsqu'on considère attentivement sa flexibilité qui le fait incliner à tous vents. De même ceux qui lui ressemblent ne peuvent garder un secret, attendu que, pour garder fidèlement un secret, il faut être doué d'une certaine force de caractère dont ils sont incapables : il faut avoir assez d'empire sur soi-même pour résister à la tentation de le divulguer ou pour se mettre en garde contre les questions indiscrètes qu'adressent ceux qui ont intérêt à le connaître. Défiez-vous des indiscrets, et si, comme le roi Midas, vous avez des oreilles d'âne, gardez-vous bien d'en donner connaissance, même à votre meilleur ami, comme il le fit à son barbier, qui crut enfouir ce secret dans la terre, sans penser que ceux qui étaient là l'entendaient. De même votre ami pourrait le compromettre sans en avoir l'intention. En serait-il moins révélé pour cela? Non certes. Il n'y a donc qu'un moyen, et *un seul*, de garder son secret ou celui d'autrui dont on est dépositaire, c'est de ne *le confier à personne*; autrement, n'y comptez qu'à demi, *et encore...*

LA PRIMEVÈRE

Cette fleur tire son nom de l'époque où, souriante, elle apparaît à nos regards pour nous annoncer le nouvel épanouissement de cette admirable nature, si vieille d'origine et pourtant restée toujours si jeune. Aussi l'a-t-on choisie pour *emblème de l'espérance*. Cette fille du ciel ne reste-t-elle pas toujours jeune? N'est-elle pas l'amie que nos aïeux ont caressée de leurs doux rêves, que nous caressons nous-mêmes et pour laquelle les générations futures auront un culte éternel? Il est si doux d'espérer ce qu'on souhaite, dont la réalité ne répond pas toujours à l'idée que nous nous étions faite du bonheur qui devait en résulter pour nous. C'est ce qui a fait dire à un profond penseur que « celui qu'on espère vaut souvent mieux que celui qu'on a. » Cela se comprend facilement. Lorsque nous espérons une chose utile ou agréable, nous la voulons telle que nous la désirons, c'est-à-dire sans ombre au tableau; et comme il n'en existe pas sans cela, lorsqu'elle nous est accordée, cette ombre amoindrit le prix de sa possession; *de là la sentence*.

Si la religion a fait de l'espérance une des trois vertus théologales, c'est parce que, dans son divin enseignement, elle savait combien nous avions besoin de son secours pour nous donner la force et le courage de les mettre en pratique. Si elle nous offre le *combat* sans lequel il ne peut y avoir de *gloire*, elle nous donne en même temps les armes nécessaires pour nous assurer la victoire. Et quelle victoire que celle qu'à l'aide de cette religion sublime nous sommes appelés à remporter! Une victoire qui ne connaîtra pas de *défaite*, qui nous préservera de devenir jamais la proie d'un vainqueur, qui nous assurera un bonheur exempt des peines de la terre et dont la durée sera sans limites comme sans fin! Espérance, fille de Dieu et chérie des hommes, reste au milieu de nous, car toi seule peux nous aider à supporter les amertumes de la vie! fais-nous entrevoir par la pensée ce beau ciel où nous jouirions de la réalité de ta promesse en contemplant Dieu *face à face* dans l'immensité de sa gloire!

LE SERINGAT

Cette fleur est surtout destinée à orner les bosquets et les charmilles. Elle est le symbole de *l'amour fraternel*, ce doux amour qui unit d'une tendre affection les enfants issus du même père. Pourquoi faut-il les voir si souvent jaloux les uns des autres et se disputer jusqu'aux moindres bribes de son héritage? A peine ses cendres sont-elles refroidies qu'on les voit sécher leurs larmes; et s'il est de quelque importance, la jouissance qu'ils éprouvent de sa possession aura bientôt tari la source de leurs pleurs et jeté la terre de l'oubli sur son front.

Pauvres parents, qui vous êtes imposé, outre le joug du travail, les privations les plus dures pour nourrir, élever et caser convenablement, suivant votre position, ces malheureux enfants qui vous en tiennent si peu compte, vous ne vous doutiez pas alors que cette fortune acquise ou conservée serait, à votre mort, une pomme de discorde entre eux, et qu'aveuglés par l'intérêt ils tâcheraient de s'en approprier la part la plus grosse, au mépris des lois de justice et d'équité qui doivent présider au partage des biens terrestres !

LE PRUNIER

C'est sans doute par antithèse que le prunier a été choisi comme *emblème de la sainteté d'une promesse*, puisque c'est souvent pour avoir hâté sa floraison qu'il voit tomber sa jolie fleur et avec elle les fruits qu'elle promettait. C'est donc de lui qu'il est permis de dire : *promettre et tenir sont deux*, puisque l'on ne peut trouver dans son emblème la preuve de la sainteté d'une promesse. Dans la description botanique que je me suis plu à faire, j'ai dû me conformer aux divers emblèmes ou sym-

boles qu'ont donnés aux fleurs de plus habiles et de
plus érudits que moi. Je me suis bornée à m'é-
tendre sur chacun d'eux, suivant qu'ils se prêtaient
plus ou moins à des développements en rapport
avec mes inspirations et mes sentiments intimes,
joints à l'expérience d'une vie qui compte déjà
passablement de lustres. Permettez, lecteurs, que
je laisse le chiffre *exact*... au bout de ma plume ; on
n'est pas fille d'Ève *pour rien*... Rappelez-vous seulement que j'ai d'autant plus de droit à votre indulgence que c'est au courant d'une plume peu exercée
qu'à titre de causerie pure et simple, j'ai voulu
éprouver le plaisir qu'on ressent toujours à parler
de ce qu'on aime. J'adore Dieu, j'admire sa sublime
morale, je le bénis de m'avoir fait naître dans cette
religion reconnue la *seule vraie* par son incontestable perfection qui la rend supérieure à toutes les
autres, ce que le plus grand génie des temps
modernes s'est plu à reconnaître sur son rocher de
Sainte-Hélène par ce peu de mots : « *La religion
catholique est la plus vénérable de toute la terre.* »
(Thiers, *Histoire du Consulat et de l'Empire.*)

En plus, je suis enthousiaste de toute espèce
d'antiquité. Il va de soi que la nature étant la plus
reculée de toutes, elle a des droits primordiaux et
sacrés à mon admiration. J'aime le soleil, la vue de
la mer ; j'aime également la verdure et les arbres ;
mais j'aime *passionnément les fleurs.* Voilà, cher
lecteur, la *raison d'être* de cette petite causerie

botanique. Puissiez-vous ne pas la trouver trop
longue et ennuyeuse surtout.

LA JONQUILLE

On a fait de cette fleur, je ne sais trop pourquoi,
l'*emblème des désirs incessants* qui, semblables aux
vagues de la mer, se renouvellent toujours. C'est
sans doute parce que cette fleur désire toujours
l'air et le soleil indispensables pour sa floraison.
Ne pouvons-nous pas nous comparer à elle, puisque
du berceau à la tombe nous désirons toujours, nous
désirons quand même, sans oser espérer la réalisa-
tion de nos désirs? A peine un désir est-il satisfait
que, semblable à l'hydre de Lerne, dont une nou-
velle tête remplaçait celle qui venait de tomber,
son accomplissement en fait surgir un autre. Cela
est tellement dans notre nature que nos désirs sont
souvent plus chimériques que réalisables, et que ce
sont souvent ceux-là auxquels nous nous attachons
davantage. Cette anomalie morale est le résultat
des chimères incessantes que nous envoie cette
folle du logis pour laquelle l'idéal a tant d'attrait
qu'elle le préfère souvent à la réalité. Il est donc

plus sage de ne désirer que ce qui nous paraît réalisable, comme il est plus chrétien d'être modéré dans nos désirs, afin de nous préserver de déceptions toujours désagréables quand elles ne sont pas pénibles. Il faut donc savoir désirer peu et ne jamais désespérer de rien.

LA REINE-MARGUERITE

Cette fleur a pour *emblème la variété*. C'est sans doute en raison de ses diverses espèces qui, tout en ayant la même forme, varient leurs couleurs à l'infini. Elle est aussi l'image du plaisir. En effet, quoi de plus variable que le plaisir? Véritable Protée, il se présente à nous sous mille formes différentes, sans qu'il soit possible de lui en attribuer une qui lui soit propre. Il varie suivant les mœurs, les âges et les goûts de chacun. Le sage, par exemple, le trouve dans la pratique du bien; le philosophe, à vivre dans les hautes régions de l'intelligence; le penseur, dans la contemplation du vrai et dans le dédain des futiles amusements du siècle; s'il se récrée un instant, c'est lorsqu'il porte ses regards sur les merveilles de la nature,

cette inspiratrice suprême des esprits élevés. Le
moraliste le trouve dans l'étude approfondie du
cœur humain, qu'il surprend beaucoup mieux dans
ces riens qui passent inaperçus aux yeux des autres,
son expérience lui ayant appris que c'est dans les
actes de peu d'importance que se révèle la vraie
individualité, et non dans ceux qui peuvent nous
mettre en relief aux yeux des personnes près des-
quelles nous essayons de paraître à la hauteur de la
position que nous occupons dans le monde, quelle
qu'elle soit. Le jeune homme trouve son plaisir
au milieu du tourbillon du monde où ses passions
l'entraînent souvent, malgré son désir de leur
résister; la jeune fille trouve le sien dans les
nuages où sa rêveuse imagination la transporte :
l'homme mûr consacre toutes ses facultés dans les
calculs d'intérêt ou d'ambition ; la femme, *hélas!* ne
le trouve que trop souvent dans les vains ornements
de la toilette, ces *vers rongeurs* du bien-être de la
famille ; la mère, dans son inépuisable tendresse
pour les enfants, dont les traits enfantins lui repro-
duisent ceux de l'homme auquel elle a uni sa destinée ; et enfin le chrétien trouve son plus grand
plaisir dans son culte d'adoration pour Dieu et
dans la stricte observance de sa loi sainte, sans
avoir à redouter la moindre des déceptions qui
sont le partage de la plupart des plaisirs décrits.

LA MÉLISSE

C'est sans doute par son efficacité médicinale que, de concert avec le muguet, cette fleur est désignée comme le *symbole de la gaieté*, attendu qu'il est impossible d'être gai quand on souffre. J'en excepterai cependant ces natures atrabilaires qui, tout en se portant bien, ne sont jamais contentes de rien, pas plus des hommes que des choses. Elles ne voient jamais les uns que de leur mauvais côté, et quand les autres ne vont pas à leur gré, elles déblatèrent continuellement contre tout ce qui excite leur humeur noire et chagrine. Il faut que chacun de nous sache faire la part de ces petites misères de la vie qui ont bien leur inconvénient sans doute; mais puisque, bon gré mal gré, nous sommes forcés de les subir, mieux ne vaut-il pas, lorsque les choses ne nous arrangent pas, savoir nous en arranger, et ne pas augmenter l'ennui qu'elles nous causent par d'incessantes jérémiades qui ne remédient à rien?

J'ai remarqué qu'en général les bonnes natures sont plutôt gaies que tristes, et que si elles ont des peines ou des ennuis, dont nul n'est à l'abri, elles

évitent de les faire partager aux autres, sauf le cas
de ces grandes douleurs qu'il est impossible de
taire. En cela elles ont parfaitement raison, puisque le but de chaque réunion est au contraire de
nous distraire en y faisant une agréable diversion.
La gaieté entretient et conserve la santé ; elle est
aussi nécessaire aux besoins de l'esprit que la tempérance et la sobriété le sont aux besoins du corps,
puisqu'il est prouvé que la sobriété est la mère de
la santé et de la longévité. Ajoutez à cela que les
personnes gaies et enjouées ont l'heureux don de
plaire généralement à tout le monde, tandis que les
gens tristes et moroses sont peu recherchés et
encore moins aimés. Soit en sculpture ou en pein-
ture, la vertu ne nous est-elle pas toujours repré-
sentée souriante ou gracieuse, afin de mieux nous
inspirer le désir de la mettre en pratique ?

LE MURIER

Cet arbre ne fleurissant que lorsque les gelées ne
sont plus à craindre, a été choisi comme *symbole de
la prudence*, qualité bien précieuse si nous voulons
éviter les regrets qu'entraîne toujours à sa suite

une trop grande précipitation qui ne nous permet
pas de réfléchir sérieusement à ce que nous faisons.
La prudence est surtout nécessaire aux femmes
lorsqu'elles veulent conserver la dignité de leur
sexe. C'est un point plus important qu'on ne pense
dans l'éducation qu'on leur donne. De là tant de
réputations compromises sans faute réelle. C'est ce
qui a fait dire à maints auteurs que « les femmes
valent mieux que leur réputation. » On ne saurait
donc trop inculquer dans l'esprit des jeunes filles,
lorsqu'on est chargé de leur éducation, le sentiment
de leur propre dignité, qui constitue vraiment la
femme, et leur faire comprendre que la première
chose qu'elles doivent ambitionner des hommes,
c'est leur respect. Mais pour qu'elles en soient
vraiment dignes, il faut d'abord qu'elles aient le
respect d'elles-mêmes. Lorsque la prudence et la
dignité auront dirigé tous leurs actes, jusqu'aux
moins importants en apparence, elles obtiendront
facilement le respect de tous les hommes avec lesquels elles se trouveront en rapport ; car, malgré
tout ce qu'on peut avoir à leur reprocher à ce sujet,
les plus coupables mêmes ont encore conservé au
fond de leur cœur le culte dû à la vertu. La Bruyère,
ce grand moraliste, n'a-t-il pas dit « que les femmes
ne sauraient apporter trop de soin à ce qui a trait à
leur réputation, attendu que, nul ne pouvant lire
dans leur cœur ni dans leur pensée, ce sera toujours
sur les apparences qu'on les jugera » ? Une bonne ré-

putation est donc le parfum dont la vertu est la fleur et la religion le plus ferme soutien. Sans la religion, la vertu ne sera jamais qu'une *vertu* de *circonstances ;* avec elle, la prudence les dominera toutes, *quelles qu'elles soient.* Sous sa pieuse inspiration, la femme verra les piéges tendus à son innocence ou à sa crédulité. Elle aura pour sa vertu, exposée à tant d'écueils, comme une seconde vue qui, en lui montrant le danger, lui fournira les moyens d'en triompher.

Pour mon compte, je puis affirmer avoir connu bon nombre de femmes restées pures par le sentiment de leur dignité plus encore peut-être que par amour de la vertu. Elles auraient rougi de honte à la pensée *seule* qu'un homme pût avoir le moindre empire sur elles, mais bien plus encore à celle de se mettre *à la merci de sa discrétion!...* Dieu fera la part du plus ou moins de mérite qu'auront eu les femmes à rester vertueuses ; l'essentiel pour la société comme pour l'honneur et le repos des familles, c'est qu'elles *le soient véritablement.*

Si je me suis étendue aussi longuement sur cet emblème, c'est que j'ai constaté avec douleur qu'on ne s'occupe pas assez du sentiment *de dignité personnelle* que chaque femme doit avoir en soi, parce qu'elle *est inhérente à son sexe ;* l'absence de ce grand principe dans l'éducation qu'on donne aux jeunes filles est d'autant plus regrettable qu'il est souvent la cause de leur perte. Une femme *sans dignité*, c'est un vaisseau sans gouvernail au milieu des flots agités.

LE BASILIC

Cette fleur est l'*emblème de la pauvreté*, parce que le pauvre l'aime pour le doux parfum qu'elle exhale. Elle n'a rien de commun avec le reptile qui porte son nom, attendu que, si la pauvreté est un lourd fardeau, rien en elle ne recèle le venin du serpent. La pauvreté, si dédaignée et tant redoutée des hommes, n'a au contraire rien de redoutable, sauf les souffrances physiques et morales qu'elle entraine à sa suite. Lorsqu'elle n'est pas le résultat de l'inconduite ou de folles dépenses, elle a des droits *sacrés à notre respect*. Elle possède un genre de bonheur ignoré du vulgaire, parce que le pauvre se fait une habitude de sa pauvreté : et qui ne sait que l'habitude se substitue à la nature?

Il est souvent plus facile qu'on ne le pense de se passer des jouissances de la fortune et même de celles qu'on éprouve dans la possession du nécessaire. La pauvreté engendre souvent les plus sublimes vertus comme elle enfante les plus grands

talents. Tel homme doit souvent à l'obscurité de
sa naissance ainsi qu'aux privations qui étaient la
conséquence de sa pauvreté la position élevée qu'il
occupe dans la carrière qu'il s'est choisie. La pauvreté éperonne l'artiste et lui fait enfanter des chefs-
d'œuvre ; elle stimule les natures peu énergiques qui
la redoutent ; elle épure la vie par les sacrifices
qu'elle impose ; elle la sanctifie par la résignation
avec laquelle on les supporte. Puis, n'est-ce rien
que d'envisager la mort de sang-froid ? Le riche
tremble et frémit à l'idée qu'elle sera pour lui la
fin de toutes jouissances, tandis que le pauvre la
voit venir d'un œil serein, ne voyant en elle que le
terme de ses maux. Le chrétien l'envisage avec
calme, sachant bien qu'au delà de la tombe, c'est
l'éternité qui l'attend : l'éternité sera heureuse et
sans fin pour lui si, ayant rempli les grands devoirs que ce glorieux titre lui imposait, il a versé
dans le sein du pauvre d'aussi abondantes aumônes
que sa position lui permettait de le faire, en sachant
même s'imposer quelques privations sans lesquelles
elle ne peut être méritoire, et s'il s'est amassé des
trésors dans le ciel par la multiplicité de prières
que les malheureux lui auront adressées pour lui.
Car si la foi nous ouvre l'entrée des cieux, la charité est le *passe-partout béni* qui nous en favorise
l'entrée !

LE POMMIER

Le pommier est un bel arbre lorsque ses jolies fleurs blanc rosé s'épanouissent au milieu de nos champs. Il est, dit-on, l'*emblème de la préférence*. Les dieux du paganisme ont fait de son fruit un sujet de céleste vengeance dont une guerre terrible fut la conséquence, puisque ce n'est qu'après avoir décerné la pomme à la déesse de la beauté que Pâris eut l'audacieuse pensée d'enlever la femme de Ménélas, outrage fait à leur roi, que les Spartiates vengèrent par un siége de dix ans qui finit par les rendre maîtres de cette fameuse Troie si renommée alors. Mais pourquoi aussi l'imprudent berger laissa-t-il choir la pomme — dite de discorde — devant la déesse qui n'offrait à ses regards que des agréments de personne, au lieu de la décerner au vrai mérite et à la sagesse? N'eût-il pas mieux fait que d'en faire le trophée d'un bien aussi éphémère que celui de la beauté, dont la durée n'a qu'un jour, puisque, ainsi que l'a dit un moraliste, « la femme a peu de temps à être belle et longtemps à ne l'être plus »?

La pomme est un fruit d'une médiocre saveur.

Aussi s'étonne-t-on que notre premier père se soit laissé prendre à son appât. On incline à penser qu'il fallait qu'il eût une légère tendance à la gourmandise. Mais là n'était pas le mal, là n'était pas la faute ; elle consistait dans l'acte de désobéissance envers Dieu qui l'avait comblé de tant de bienfaits en l'instituant le roi de la création. Quel enseignement pour nous qui craignons si peu d'enfreindre ses divins commandements, lorsque nous voyons le châtiment terrible qui en a été la conséquence, lequel *châtiment* a entraîné la déchéance du genre humain !

J'admets volontiers que du côté de la barbe soit *la toute-puissance* ; je ferai même plus, je verrai sans conteste les hommes se targuer de faire partie du sexe *le plus noble* ; mais par l'exemple *de maître Adam* je leur contesterai le droit qu'ils s'arrogent en se proclamant le sexe le *plus fort, moralement parlant* ; attendu que la coupable faiblesse dont ce dernier fit preuve démontre *incontestablement* que, devant certains périls, *ils sont loin d'être forts* ; en d'autres termes, ils sont beaucoup plus faibles que ce sexe dont la force consiste dans sa propre faiblesse...

LA MENTHE

La menthe, par son arome légèrement piquant, est l'*emblème d'une âme ardente*. Don précieux sans doute par les jouissances qu'il nous procure, mais pour le moins aussi redoutable par les cruelles déceptions auxquelles il nous expose. Une âme aimante, en suivant l'impulsion de sa nature, aime trop fortement pour résister au penchant qui l'entraîne vers le premier objet qui s'offre à sa vue et qui trop souvent, hélas! n'en est pas digne. Mettons-nous en garde contre les passions extrêmes qui s'éteignent si vite par leur propre excès; sachons toujours modérer nos affections les plus légitimes mêmes, si nous voulons les rendre durables. N'est-il pas prouvé, d'ailleurs, que tout ce qui est extrême est toujours de courte durée, et que c'est *en amour surtout* que s'applique cet axiome?

Il est un amour dont l'excès n'est jamais redoutable; cet amour, c'est l'amour de Dieu, lorsque cependant nous savons le contenir dans de justes limites et que nous ne nous tenons pas continuellement suspendus *entre ciel et terre*. Ce n'est pas dans le *vide de l'espace* que le vrai chrétien sanctifie sa vie; il la sanctifie sur la terre, par tous ses actes les plus importants comme par les moindres en apparence. Il faut se mettre en garde contre l'exaltation d'une imagination qui va toujours chercher un aliment à sa foi dans les nuages, ce qui la rend si souvent versatile. Parfois même elle s'élève au delà des sphères habitées et ne rapporte de cet aérien voyage que du dégoût et de l'ennui pour cette terre où le Créateur nous a placés et sur laquelle il veut que, par la pratique de sa loi sainte, nous méritions une place dans son beau ciel. Il nous le réserve comme une glorieuse victoire après le combat; mais il nous impose *le combat* en nous interdisant de devancer l'heure de la récompense en nous transportant par la pensée dans un monde supérieur dont l'entrée ne nous sera ouverte qu'au delà du tombeau. Et puis, ne faut-il pas *tout suer* en ce monde, *voire même le paradis?*

LE MILLEPERTUIS

Cette fleur, peu connue et peu cultivée dans nos jardins, est le *symbole de l'oubli des peines de la cie.* Quoi de plus sage, en effet, que de tâcher d'effacer de notre souvenir celui de nos souffrances et de nos peines passées? S'il est contraire à notre bonheur d'ajouter à la peine du jour celle qu'on pressent pour le lendemain, il en est de même de se nourrir de ses anciens chagrins et d'en abreuver le présent, ce qui nous fait souffrir une seconde fois. Mieux vaut, ce me semble, faire revivre nos joies et nos trop courts instants de bonheur, puisque notre propre intérêt s'y rattache, et qu'une saine philosophie ainsi que la religion nous en font un devoir.

LE GENÊT

Le genêt est l'*emblème de la propreté.* Charmant emblème, chez la femme surtout, puisque c'est à elle qu'est confié le soin d'entretenir ou de veiller à la propreté de l'intérieur du ménage. Quoi de plus charmant à l'œil qu'une maison bien tenue? Comment ne pas se plaire chez soi lorsque tout y est en ordre et d'une propreté irréprochable? C'est d'elle que vient cette attraction *du chez soi* qui a fait dire « qu'il n'y en a pas *de petit,* » Si l'oiseau aime son nid, l'homme aime son foyer domestique,

surtout s'il a su se choisir une compagne qui
sache l'y retenir captif. Cela lui empêchera de
chercher au dehors de factices et coupables plaisirs qui ne peuvent entrer en comparaison avec les
joies pures que lui offre une femme aimée dont la
conversation aimable et enjouée lui sert d'agréables
et continuelles distractions.

Une chose essentielle manque dans l'éducation
de la femme, c'est le charme de la conversation
qu'on ne cherche pas assez à développer, même
dans la jeunesse. L'entretien des jeunes filles et
des jeunes femmes entre elles ne roule d'ordinaire
et en général que sur des sujets frivoles, sur des
détails de toilette ou sur leurs factices plaisirs;
tandis que, sans vouloir en faire des femmes sa-
vantes ou de prétentieuses ridicules, si on avait
orné leur esprit d'une instruction solide et variée,
on pourrait causer avec elles de choses sérieuses et
intéressantes. Semblables à la sultane favorite des
contes des *Mille et une nuits*, elles retiendraient à
leur char ces maris qui ne cherchent qu'un prétexte pour s'éloigner d'elles en donnant pour
excuse à leur inconstance cet axiome si souvent
cité par eux : « Ma femme et moi ne faisons *qu'un*,
et je m'ennuie quand je suis seul. »

Une chose contribue beaucoup à rendre la conversation des femmes peu attrayante, c'est le
genre de lectures auquel elles s'adonnent. Lorsqu'elles sont jeunes filles, une bonne éducation

en exclut les romans ; mais lorsqu'elles se marient, elles s'en dédommagent amplement en faisant, pour ainsi dire, le *pain quotidien de leur imagination* de ces romans, dont un *bien petit nombre* pourraient être lus sans danger pour elle à titre de délassement de l'esprit et comme un accident dans la vie.

J'en appelle de cette opinion à tous ceux qui ont vécu et qui ont pu reconnaître avec moi combien la lecture continuelle des romans, les meilleurs même (car je ne sous-entends pas les mauvais, que toute honnête femme et qui veut rester telle doit ignorer), a de graves inconvénients pour la vertu des femmes et pour leur propre bonheur qui en est la conséquence, puisque, en dehors d'elle, il ne peut y en avoir de réel ni de durable.

Le premier danger qu'offre la *lecture ordinaire* des romans, c'est de fausser le jugement des femmes (de quelque nature qu'elles soient) en leur faisant entrevoir la vie réelle sous un faux point de vue, ce qui en fait des *femmes incomprises* par ceux qui la voient telle qu'elle est réellement. Les romans, qui n'ont que la transparence de la vérité, transportent par la pensée leurs lectrices dans un monde idéal, à l'aide de brillantes métaphores qui ont pour résultat d'exalter leur imagination, *déjà trop rêveuse par elle-même*, et de les amener à chercher le bonheur dont chacun de nous est avide en dehors de la sphère où il se trouve. Ils ont encore pour funeste résultat de prédisposer

leurs cœurs à de coupables entraînements, cause
première des plus lourdes fautes quand cela ne les
conduit pas au crime... N'est-il pas prouvé, d'ailleurs, que les *neuf dixièmes* des femmes qui suc-
combent ne doivent leur chute qu'au pernicieux poison qu'elles ont puisé dans la lecture des romans,
dont l'effet, quoique se produisant lentement et
même à leur insu, en a fait des *femmes romanes-
ques* dont la perte *est certaine à un moment donné*
que le hasard ou les circonstance détermineront?

C'est presque toujours l'imagination *seule* qui
est en cause chez les femmes déchues. Ce sont
leurs lectures dangereuses, mais surtout leurs rapports avec des femmes de ce genre, qui sont la
cause de leur perte. Et à ce double danger il faut
ajouter encore leur amour effréné pour les louanges
fastidieuses que leur adressent les hommes dans le
coupable but d'en profiter, ne fût-ce même que
pour être les héros de leurs rêves dorés...

Voilà pourquoi la religion, cette sublime gardienne des mœurs et du bonheur privé, a cru, dans
sa sagesse suprême, devoir *interdire* aux femmes
la lecture des romans, si elles veulent rester pures
et chastes de cœur, d'esprit et de pensée; si, en un
mot, elles veulent être véritablement chrétiennes.

LA FOUGÈRE

La fougère nous invite au repos; c'est pour cette raison qu'assis sur elle le berger du village fait paître son troupeau, et que de même la jeune bergère s'occupe, en gardant le sien, à en filer la toison. Çà et là il lui vient bien parfois quelques vagues pensées sur un sentiment qu'elle ignore et que la prudence lui dit d'éloigner d'elle; mais, hélas! l'écoutera-t-elle toujours?... Cette plante est le *symbole de la sincérité*, une des plus nobles qualités du cœur comme l'hypocrisie en est le vice le plus odieux. Et cependant que voyons-nous dans notre entourage? Beaucoup plus de fausseté et d'hypocrisie que de franchise et de loyauté. Si les vrais amis sont rares, faut-il s'en étonner lorsqu'il est reconnu que, plus que jamais, hormis *l'argent, la grandeur et le confortable*, on ne sait plus rien aimer sincèrement?

Triste époque que la nôtre, lorsqu'on pense que c'est le *scepticisme*, le *rationalisme* et le *matérialisme* qui ont amené cette décadence dans les sentiments qui honorent l'humanité. Pour peu que cela continue, au lieu d'être la nation la plus considérée et la plus enviée par tous les peuples, nous descendrons *au-dessous de leur niveau*. Pauvre France ! si grande par ton passé, si glorieuse par tes exploits, si dévouée à la religion de tes pères, inspire à tes enfants les sentiments à l'aide desquels leurs aïeux ont illustré ton nom ; fais-nous grands par la gloire, sages par la pureté de nos mœurs ; détruis en nous cet esprit *léger* qui nous fait tout voir superficiellement, ce qui nous empêche d'être une nation sérieuse. Mais conservenous notre bravoure et cette aimable gaieté qui nous a mérité le titre flatteur d'être le peuple le plus spirituel et le plus aimable de la terre. Mais encore, et *par-dessus tout, rends-nous la foi de nos pères ;* fais que désormais, ainsi que les anciens preux, chaque homme prenne pour devise son Dieu, sa patrie et les saintes joies de la famille !

LA CLÉMATITE

La clématite est une jolie fleur grimpante dont on fait l'ornement de nos bosquets. Elle est l'*emblème de l'artifice,* parce qu'elle s'étend en gracieuses guirlandes, comme ceux qui, usant d'artifice, savent s'insinuer dans l'esprit des gens qu'ils veulent séduire à l'aide de moyens insidieux dont ils savent voiler la perfidie sous les formes les plus attrayantes. Mettons-nous en garde contre ce prestige trompeur; attachons plus de prix à l'arbre qu'à son écorce; aimons au contraire davantage ceux qui, sous une grossière enveloppe, cachent souvent un mérite réel; évitons de nous laisser séduire par de trompeuses apparences, si nous ne voulons nous voir exposés à d'amères déceptions.

L'ÉPINE-VINETTE

Cette plante couverte de rudes épines, est l'*emblème de l'aigreur* par l'amertume de son fruit. Semblable en cela à bien des gens avec lesquels on doit éviter de se mettre en rapport, si on ne veut se voir exposé à souffrir de leur humeur aigre et acariâtre ou se trouver blessé par leurs sarcasmes, ou bien encore tourné en ridicule par leur ironie. C'est avec raison qu'il est dit d'eux : « *Qui s'y frotte s'y pique.* »

LA PERCE-NEIGE

Nous sommes encore en temps de neige, et cependant cette aimable petite fleur ne craint pas d'exposer sa fragile existence en nous apparaissant sous un blanc linceul qui va peut-être devenir son tombeau. Elle est l'*emblème de la consolation*, parce qu'elle nous console de la rigueur des frimas en nous annonçant qu'ils touchent à leur terme et que bientôt le printemps va nous ramener les beaux jours. Semblable à ceux qui aiment véritablement, elle se dévoue pour nous faire jouir par anticipation du doux espoir de voir cette nature, si vieille déjà et pourtant si jeune, toujours prête à se revêtir de sa robe verdoyante émaillée de fleurs. Pour elle, le temps n'a pas de faux; s'il l'a dépouillée momentanément de ses ornements, c'est pour que, par cet interrègne, nous attachions plus de prix à son retour qu'avec un plaisir toujours nouveau nous saluons avec joie et allégresse.

LA MOUSSE

La mousse *symbolise l'amour maternel* parce que, ainsi qu'elle, il embrasse toute la terre. Chez tous les peuples (les Chinois exceptés), ce pur amour protége et sauvegarde la vie des individus. Il est une émanation de l'amour divin; pour nous en donner une idée, Dieu choisit pour sanctuaire le cœur de la Vierge mère, qu'à ce titre il dota si richement de toutes les tendresses que recèle le sien pour nous.

Quelle langue ou plutôt quelle plume pourrait essayer de décrire la force de ce sentiment *inné* chez la femme mère? Qui pourrait reproduire l'effet d'une seule étincelle de ce foyer d'amour d'où elles jaillissent par myriades, pour protéger les jours si précieux de cette frêle créature à laquelle elle vient de donner la vie au péril de la sienne? Non; l'amour maternel, cet amour qui ne *s'attiédit* jamais, est le *seul* sur lequel le temps n'exerce pas d'empire. Il *est* et *restera toujours* au-dessus de tous éloges, quel que soient le talent et l'habileté des plumes qui tenteraient de le définir. Le cœur d'une mère est insondable comme l'Océan.

l'œil de Dieu seul peut en mesurer la profondeur. Laissons-le donc contempler son chef-d'œuvre et n'essayons pas d'analyser cette délectation d'amour d'où découlent toutes les joies et tous les bonheurs de la terre. Ce cœur d'or est du nombre de ces sujets auxquels on n'ose toucher dans la crainte de les profaner. Inclinons-nous donc plutôt avec respect et vénération devant le cœur de nos mères, en remerciant le Créateur de l'avoir si richement doté.

A côté d'un si grand bienfait il y a un écueil redoutable, c'est *la faiblesse* qui y est pour ainsi dire inhérente et contre laquelle la raison et la prudence ordonnent aux mères de se mettre en garde en ne s'annihilant pas devant leurs enfants, près desquels elles doivent toujours conserver leur dignité afin de leur imposer le respect qu'ils lui doivent. Elles doivent éviter surtout, dans l'intérêt de leur propre bonheur, mais bien plus encore dans celui de leurs enfants, de confondre le véritable amour maternel tel que Dieu l'entend avec cette espèce d'*idolâtrie* dont elles les environnent, laquelle a pour résultat certain de les gonfler d'orgueil et d'égoïsme, de les rendre vains et présomptueux, ce qui leur attirera peu d'amis et beaucoup d'ennemis. Ces défauts réunis les rendront malheureux et feront répandre à leurs mères, sur leurs vieux jours, des larmes de sang, si de sang l'on versait des larmes !

LE PLATANE

Ce bel arbre est l'*emblème du génie*, et à ce titre il a droit à nos hommages. Quel plus beau don, en effet, que le génie, dont la main de Dieu seul dispose à son gré? Dans tous les siècles le génie a eu la place d'honneur parmi les qualités qui honorent l'humanité, lorsque surtout il inspire des prodiges d'art ou d'éloquence. C'est en cela qu'on peut apprécier jusqu'à quel point la Providence a favorisé ceux auxquels elle l'a départi, qui, loin de s'en montrer fiers, doivent se pénétrer que c'est à elle seule qu'ils doivent en faire remonter la gloire.

Malheureusement il en est rarement ainsi : l'orgueil humain veut se devoir tout à lui-même; il est toujours disposé à se croire au-dessus des autres par la jouissance d'un don qu'il ne s'est pas donné. L'esprit est un diminutif du génie dont il émane à un degré moindre, ce qui l'empêche d'atteindre comme lui les régions les plus élevées de l'intelligence. Mais il n'en est pas moins très-appréciable pour ceux qui savent en tirer parti en le mûrissant par un jugement sain et éclairé. Dans ce cas seulement il fait leur bonheur, parce que l'esprit *s'ap-*

plique à tout, *régit tout*, depuis les plus grands jusqu'aux plus petits détails de la vie intime, et s'il est susceptible d'égarement, il sera toujours facile de le ramener dans la bonne voie. C'est ce qui a fait dire que « où il y a de l'esprit il y a toujours de la ressource, et par contre, là où il fait défaut, il ne peut y en avoir aucune. »

L'ARMOISE

Cette plante est l'*emblème du bonheur*, comme si le bonheur existait ici-bas ! A quoi bon alors lui créer un emblème imaginaire? C'est sans doute parce qu'il est dans notre nature de le chercher *partout, toujours et quand même*. Convaincus que nous sommes de n'en trouver que l'ombre, nous ne cessons pas pour cela de courir à sa recherche. D'où vient donc alors la persistance que nous y mettons? Elle vient de ce que l'homme, ne pouvant trouver en ce monde la complète satisfaction de ses désirs, demande à l'idéal ce que lui refuse le positif. Il sent en lui une soif insatiable de bonheur que rien ne peut lui donner, de quelque côté qu'il tourne ses regards. Après avoir interrogé la

terre et les astres, qui ont été impuissants à résoudre cette question insoluble, son âme anxieuse
s'élève au-dessus des choses créées ; par cet aérien
voyage elle franchit l'espace incommensurable qui
sépare le ciel de la terre. Oh! alors elle entrevoit,
comme par une seconde vue, ce beau ciel *à décou-
vert* dont saint Jean nous fait une si admirable description dans son *Apocalypse*. Il se trouva lui-
même inhabile à nous en traduire les merveilleuses
beautés, puisqu'il ajoute « que tous les sens de
l'homme sont impuissants à comprendre l'étendue
du bonheur que Dieu réserve à ses élus ! »

Suppléons donc par notre foi à cet indescriptible
tableau des merveilles que renferme le ciel ; ne
perdons plus un temps précieux à la recherche de
l'impossible en ce monde ; tournons vers lui tous
nos désirs, toutes nos pensées, toutes nos aspirations et toutes nos espérances ; car ce n'est pas
pour *l'habiter seul* que Dieu s'est plu à l'orner de
tant de splendeur et qu'il en a fait le centre des
plus célestes délices, mais bien pour nous en faire
les cohéritiers ! Il ne dépend donc que de nous
d'y avoir notre place marquée à l'avance en ré-
glant tous les actes de notre vie d'après les pres-
criptions de sa loi sainte, puisque, ainsi qu'il est
dit, « qui veut la fin, veut les moyens. »

LA LAURÉOLE OU BOIS GENTIL

Cette fleur peu connue a été choisie pour *emblème de la coquetterie et du désir de plaire*, qui ne sont qu'une seule et même chose, puisque l'une est la conséquence de l'autre. Si le désir de plaire ne faisait mouvoir tous les ressorts de la coquetterie *trop souvent raffinée*, ce sentiment n'aurait rien de condamnable en lui, pris dans son véritable sens, puisqu'il est naturel de chercher à plaire à ceux que nous aimons ou qui nous plaisent ; mais il devient un grand travers chez les femmes qui, mues par *l'incessant désir de plaire*, cherchent à attirer à elles les regards et les hommages de tous les hommes, dans la coupable pensée de fournir des armes à leur orgueil et de s'en faire un trophée.

Si j'osais, je me permettrais bien un petit conseil à l'adresse du sexe le plus noble. Je lui dirais : La coquetterie qu'on nous reproche, non sans quelque raison, est votre ouvrage, puisque nous ne mettons autant de soin et de symétrie à nous parer de nos mille colifichets, comme moyen d'attraction, que par le prix que nous savons que vous y attachez vous-mêmes, par le prestige du regard.

Le jour où vous aurez fait consister votre culte envers la plus belle moitié du genre humain et *la meilleure* (soit dit sans offenser l'autre) dans les nobles qualités de l'âme et du cœur dont le ciel s'est montré si prodigue envers elle pour racheter ses *nombreux petits défauts*, ce sexe virera de bord et mettra autant de soin à les acquérir qu'il en met, avec le dessein de vous plaire, dans ces vains apprêts d'une toilette toujours dispendieuse quand elle n'est pas ruineuse. Si bon nombre de pères et de maris se croient le droit de s'en plaindre, n'a-t-on pas celui de leur répondre : « A qui la faute? » Et ne peut-on dire encore : « Nouveaux Pâris, pourquoi est-ce à la beauté entourée du prestige de la toilette que vous décernez la pomme? » Ne vaudrait-il pas mieux la laisser tomber d'admiration devant la femme vous offrant le gracieux ensemble de la vertu, de la sagesse, de la bonté et du dévouement?

Cependant, il faut l'avouer, de ce que l'homme, par ses louanges fastidieuses et son adulation, semble devenir une circonstance atténuante en faveur de *la coquetterie féminine*, il n'en est pas moins vrai que la femme ne peut être autorisée dans cette funeste voie. La simplicité de sa mise peut exiger quelques sacrifices dont elle doit avoir le courage, sachant bien qu'au point de vue chrétien, son *devoir rigoureux est de résister à tous les entraînements.*

LA LIANE

On a choisi la liane pour *symbole des nœuds*; c'est sans doute parce que cette plante rampe sur la terre en étendant ses nombreux ligaments. Ils s'attachent et se confondent tellement entre eux qu'ils se nouent naturellement. Il en est de même dans les relations de la vie, où les plus tendres nœuds unissent deux cœurs faits pour s'aimer et se dévouer l'un pour l'autre; mais il en est d'autres, au point de vue social et politique, qui sont tellement embrouillés qu'il ne faudrait rien moins que l'épée d'Alexandre pour trancher les questions insolubles qui se présentent à chaque instant et qu'il est souvent impossible de résoudre par un autre moyen. Pauvre humanité! nous savons si peu nous entendre sur les grandes questions de droit et de justice qui doivent régir le monde, qu'il n'est pas étonnant que, semblable à la liane, la confusion règne dans les idées comme dans les doctrines.

LA MÉLISSE-CITRONNELLE

La mélisse-citronnelle est *l'emblème de la plaisanterie*. Charmant emblème qui anime la conversation et l'empêche de devenir monotone. En effet, quoi de plus agréable qu'une plaisanterie dite avec esprit, sans dessein de blesser l'amour-propre de personne? Il en est qui jouissent de l'heureux avantage de dire les choses les plus insigniliantes en apparence avec le ton de bonne compagnie qui leur donne un intérêt et un charme dus au talent du narrateur. Ces personnes, dis-je, ont le talent d'égayer la société et de la faire rire à propos de tout, comme, par exemple, à propos d'un brin d'herbe qui pousse ou d'un ciron qui vole. Cet heureux naturel les fait aimer et rechercher de tout le monde, surtout si elles savent unir au charme de la conversation *le respect du langage* que toute société bien composée se doit à elle-même.

LE CALYCANTHUS

Cet arbre n'est connu que dans nos contrées méridionales, ayant pris naissance sous un ciel tropical. Il est considéré comme l'*emblème de la
vieillesse*. La raison en est que, contrairement aux
autres, c'est pendant l'hiver seulement que cet
arbre exceptionnel fait épanouir ses fleurs dont les
jolies corolles embaument l'air de leur délicieux
parfum, semblable à celui qu'exhale la fleur de l'oranger, rachetant en quelque sorte son infériorité
comme fleur par un parfum beaucoup plus doux
et plus suave encore que celui de cette fleur si renommée par son délicieux arome.

Le calycanthus peut être comparé à un beau
vieillard qui, mûri par l'expérience de la vie, nous
en offre toutes les richesses, surtout s'il ne l'a pas
gaspillée dans les bruyants plaisirs du monde ou
absorbée dans des pensées d'intérêt ou d'ambition.
Lui aussi nous donne sa fleur à l'hiver des ans ;
il enrichit le domaine de l'intelligence en nous communiquant les observations qu'il a faites sur les
hommes ainsi que sur les événements qui se

sont déroulés sous ses yeux ; il nous signale le danger de coupables relations ; il nous prémunit contre les entraînements du jeune âge, en même temps que contre ceux d'une ambition démesurée qui nous fait tout tenter, tout risquer et souvent tout perdre. S'il a vécu en honnête homme, c'est-à-dire *en vrai chrétien*, soyez assuré d'en trouver les traces dans les rides de son visage qui, malgré le ravage du temps, aura conservé, avec la sérénité d'une âme pure, cette aménité bienveillante qui attire tout à elle et cette indulgence nécessaire à tout le monde ; car lequel d'entre nous oserait se croire dispensé d'en réclamer d'autrui ?

Chez la femme, plus encore que chez l'homme, le passé laisse *son empreinte*, en raison de la mobilité de sa physionomie. On ne saurait donc trop lui répéter que la vieillesse est *le reflet de la vie* dont la mort *est l'écho !* et qu'une femme peut encore être belle au déclin de ses ans, *si elle a bien vécu !* N'est-ce rien, d'ailleurs, que de laisser à ses contemporains le pieux exemple des vertus qu'elle aura pratiquées pendant son passage sur cette terre ? N'est-ce rien encore que de laisser une mémoire honorable et honorée de tous et *qui seule* survivra à sa tombe ?

LA MORMODIQUE PIQUANTE

Le nom seul de cette fleur indique son *emblème, celui de la critique*. Rien de plus mauvais en soi que cette tendance à la critique par laquelle certains esprits faux essayent de faire briller le peu qu'ils en possèdent, sans toutefois y réussir. Personne n'aime ceux qui ne se plaisent qu'à critiquer ce que font les autres, chacun craignant de fournir un aliment à leur esprit satirique. On les évite autant que possible, on les fuit même si on peut ; on ne les estime pas et on les aime moins encore. Le moqueur amuse ceux qui l'écoutent aux dépens des absents, mais il n'en est *jamais estimé*. Il ne s'ensuit pas de ce qui précède qu'une critique judicieuse de certains actes d'autrui doive être exclue du commerce des hommes. Ils doivent apprendre à se connaître avant de se lier d'amitié ou même d'établir de simples relations. J'ajouterai même qu'elle est nécessaire lorsqu'il s'agit de détruire de fâcheuses impressions produites par des actes coupables ou de frapper de réprobation des productions littéraires portant atteinte aux plus saines doctrines comme aux principes établis sur lesquels repose la sécurité du monde.

LE MÛRIER BLANC

Le mûrier blanc a été choisi comme *symbole de la sagesse*. Cette vertu est d'autant plus précieuse qu'elle devient de plus en plus rare dans notre belle patrie. Moins heureuse que la Grèce antique, elle aurait peut-être beaucoup de peine à *réunir sept sages* dans toute l'acception du mot. Il faudrait pour cela qu'elle tournât ses regards du côté de la nombreuse phalange chrétienne; alors elle pourrait dépasser de beaucoup ce chiffre, attendu qu'il n'y a que la morale du Christ qui puisse nous inspirer *la vraie sagesse* dépouillée de tout égoïsme, de tous sentiments ambitieux et cupides, celle, en un mot, qui résume la vie par un dévouement sans mesure et sans bornes.

Que surtout ce ne soit pas du côté de la science moderne que le penseur aille à la recherche de la sagesse : car, si peu de science éloigne de la vérité et si beaucoup de science y ramène, il trouvera beaucoup plus de demi-savants que de savants réels et, partant de là, beaucoup plus d'ignorants et de sophistes que de vrais sages. Ce serait en vain que parmi nos novateurs, le philosophe, muni de sa lanterne, *chercherait son homme*, attendu que les hommes de nos jours ne sont *vraiment pas des hommes*. Ils sont un assemblage des défauts des deux sexes. Ils sont, la plupart du temps, *étiolés* par l'usage immodéré d'un narcotique qui, exerçant ses funestes ravages sur les facultés intellectuelles par la surexcitation permanente du cerveau, finit par l'affaiblir et, par conséquent, *l'user avant l'âge*, quand bien même d'autres causes ne viendraient pas s'y joindre pour en faire de *jeunes vieillards*. Si on veut faire des hommes vraiment dignes de ce nom, il n'y a qu'un moyen, *et un seul*, c'est d'en faire de *vrais catholiques* qui, se croyant doués d'une âme, ne s'assimilent pas à la brute pour, ainsi qu'elle, ne vivre que pour donner satisfaction aux besoins matériels. Ceux-ci comprennent que le *néant* n'existe pas pour eux et que le bonheur à venir de cette âme doit être l'objet de leur plus grande préoccupation et de leur plus vive sollicitude. En effet, quelle anomalie que celle des sceptiques! Ils admettent volontiers que leurs femmes croient à l'immortalité de l'âme, et même qu'elles professent le culte qu'inspire cette croyance dans laquelle ils trouvent *la meilleure garantie de leur fidélité conjugale*; mais quant à eux, se croyant dispensés de croire à l'âme, par voie de conséquence ils dédaignent de pratiquer l'autre. Voulant se croire et se poser comme étant supérieurs à la femme, ces *pygmées* ne s'aperçoivent pas que, par ce fait, ils se placent infiniment au-dessous, puisqu'il est dans l'ordre immuable des choses que l'esprit l'emporte sur la matière. C'est ce qui a fait dire que, en amour comme en religion, « les femmes sont plus *esprit* que matière et les hommes plus matière *qu'esprit*. » Il suffit, pour en acquérir la preuve, de mettre en parallèle la femme qui *croit* et l'homme qui *nie*; et de même, de mettre en regard les pensées pures et suaves qui animent le cœur de la femme qui aime, avec celles qui font naître chez l'homme l'amour qu'elle lui inspire : chez l'une, c'est le *sentiment*; chez l'autre, c'est la *passion*...

Si ces comparaisons blessent et froissent l'amour-propre du sexe le plus noble, je lui en *demande pardon,* espérant qu'il voudra bien admettre que ce n'est pas ma faute si ces vérités sont venues se ranger sous ma plume; quelque dure que soit une vérité, il faut avoir le courage de se l'entendre dire.

Il ne s'ensuit pas des réflexions, observations et comparaisons que je viens d'émettre qu'elles doivent être considérées comme le résultat d'une hostilité systématique envers les hommes. Loin de là : c'est mon désir de les voir réformer certains défauts et de regrettables travers qui me les a inspirées, convaincue que je suis que, sans espérer les voir atteindre un degré de perfection que ne comporte pas notre intime nature, cette réforme contribuerait autant à leur propre bonheur qu'au nôtre; que surtout ils ne me confondent pas avec ces femmes qui se posent comme leurs ennemies jurées, d'abord parce que par nature je ne me crois l'ennemie de personne, et ensuite parce que, dans le cours de ma vie, assez longue déjà, je n'ai jamais rencontré un seul homme dont j'eusse *sérieusement* le droit de me plaindre. Ce serait donc de ma part une haine sans cause, fait qui ne se produit jamais. En vertu de cet acte de *charité chrétienne*, j'ai des droits à l'indulgence de ceux qu'aurait pu blesser ce que malgré moi, afin d'être dans le vrai, j'ai pu leur dire de désagréable pour leur susceptibilité, toujours un peu ombrageuse à l'endroit de leur supériorité. Je me plais à la reconnaître sous beaucoup de rapports, sans la leur accorder sous ceux que j'ai décrits. De mon côté, je dis à ces messieurs : *Sans rancune aucune*, en espérant bien qu'il en sera de même du leur.

LA DOUCE-AMÈRE

Cette fleur a été choisie comme *symbole de la vérité*, sans doute parce qu'il y a souvent de l'amertume pour soi à la dire aux autres lorsqu'elle blesse l'orgueil de ceux auxquels on l'adresse. Il faut cependant en avoir le courage, dans le but très-louable assurément de combattre une erreur accréditée et d'éclairer ceux qui pourraient s'égarer en l'acceptant comme vraie. Il faut donc que la vérité sorte triomphante des attaques que le génie du mal ne cesse de diriger contre elle. La vérité n'est-elle pas ce qu'il y a de plus beau et de plus sacré sur la terre? N'est-ce pas pour sa défense que des millions d'hommes ont sacrifié leur vie? Et n'est-ce pas encore pour l'immortaliser que le Christ s'en est servi pour propager sa doctrine?

A l'instar de ce divin maître, soyons toujours véridiques jusque dans nos paroles les plus futiles en apparence, c'est le seul moyen d'être cru et d'inspirer toute confiance dans nos discours. Évitons le mensonge, même ceux reconnus pour ne porter aucun préjudice à autrui, parce que c'est le vice le plus odieux, et dont une belle âme n'est jamais entachée, attendu qu'il n'y a que les âmes basses et viles qui y aient une tendance prononcée. Elles se font une telle habitude du mensonge qu'elles mentent sans s'en apercevoir ou qu'elles se placent toujours à côté du vrai. C'est surtout au jeune âge qu'il faut combattre ce défaut capital auquel les enfants ont une tendance naturelle pour s'éviter la punition due à une faute commise, si on ne veut les voir plus tard devenir menteurs ou hâbleurs.

L'exagération dans les récits, pour être reconnue
le mensonge des honnêtes gens, n'en est pas moins
le mensonge déguisé, puisqu'il dénature les faits en
leur donnant une proportion outrée ou en faisant
une fausse application des causes qui les ont pro-
duits.

LA PERVENCHE

La pervenche est une plante solitaire dont on a
fait l'*emblème du souvenir*. Cela se comprend. Ce
n'est pas au milieu du monde ou dans le tracas
des affaires qu'on peut jouir d'un doux souvenir.
Ce n'est que dans la solitude que notre pensée peut
se reporter vers un temps qui n'est plus, afin de
nous faire jouir encore des plaisirs goûtés ou des
joies ressenties dans la réunion des personnes ai-
mées, surtout si la mort nous en a séparés.

La vie par le souvenir est une bonne et douce
chose lorsque, faisant une revue rétrospective sur
nos peines et nos plaisirs passés, elle ne nous offre
que le regret de ne pas avoir fait autant de bien
que nous l'aurions désiré, sans que nous puissions
y trouver la trace d'un grave repentir, bienfait inappréciable que la religion *seule* peut nous donner.

Heureux ceux qui conservent le culte du souvenir lorsqu'il leur rappelle un service reçu ou une preuve d'affectueux dévouement pour lesquels ils conservent une reconnaissance éternelle. La gratitude n'est-elle pas l'apanage des belles âmes, comme l'oubli des bienfaits reçus est le type monstrueux d'une noire ingratitude?

Lorsqu'on veut jouir du bonheur d'un bienfait ou même d'un service rendu, il faut en jouir par lui-même et ne jamais s'attendre à en recevoir la récompense par la reconnaissance qu'en exprimeront ceux qui en auront été l'objet, si on ne veut se voir exposé à de cruelles déceptions. *Il est si grand le nombre des ingrats* qui croient que tout leur est dû sans qu'ils se trouvent obligés à rendre rien aux autres; que mieux vaut jouir du bien qu'on fait par le charme qu'on y trouve, qui en est la vraie récompense, que de s'attendre au plus léger remercîment de ceux qu'on s'est plu à obliger.

LE PIED-D'ALOUETTE

Le pied-d'alouette, par sa forme élancée, est l'*emblème de la légèreté*. La légèreté plaît lorsqu'elle signale la prestesse et la grâce dans les mouvements, mais elle nous déplaît souverainement lorsqu'elle exprime une manière d'être. Qu'y a-t-il, en effet, de plus désagréable que les rapports avec ces personnes légères et superficielles qui ne s'appliquent jamais à rien de sérieux et vont moins encore au fond des choses ? Si vous essayez de lier conversation avec elles, ce sera toujours, distraites et préoccupées d'autre chose que de ce que vous leur dites, qu'elles vous répondront, n'y ayant prêté qu'une attention vague. C'était, dit-on, un des travers d'esprit du bon la Fontaine : il en possédait assez pour se le faire pardonner ; il ne s'ensuit pas de là que ceux qui l'imitent dans son défaut soient aussi favorisés que lui de ce côté.

C'est surtout chez les femmes que ce défaut est préjudiciable, parce qu'avec cette apparence de légèreté on croit pouvoir *tout oser avec elles*, ce qui souvent les fait juger plus coupables qu'elles ne le sont en réalité. On ne saurait donc trop leur recommander de se mettre en garde contre cette légèreté naturelle au jeune âge, si elles veulent éviter de se faire mal juger et se préserver de tentatives audacieuses provoquées par un air de légèreté qui fait douter de leur vertu.

L'OSMONDE

Qui n'aime à se livrer à ses pensées, quelles qu'elles soient, avec cette satisfaction intérieure remplie de charme qu'on appelle *rêverie? L'osmonde en est l'emblème.* Une douce rêverie est pour les âmes aimantes ce que le zéphyr est aux fleurs. Elle les rafraîchit et les repose des soucis de la terre, dont elle les distance pour les élever aux régions supérieures qui confinent au ciel. Est-il, en effet, rien de comparable à cette voûte azurée qui plane au-dessus de nous à l'instant où, parée de mille feux étincelants, elle remplace le bruit du jour par le calme de la nuit? Cette douce rêverie nous conduit tout naturellement à la contemplation de cette œuvre grandiose sortie des mains du Créateur, près de laquelle toutes les richesses de la terre et la splendeur de ses monuments n'ont rien de comparable. C'est qu'en effet c'est au-delà de cette voûte que notre âme aime à se transporter en pensée comme en espérance, sachant bien que c'est là où Dieu l'attend pour la faire jouir indéfiniment des délices qu'il y a rassemblées et dont il lui réserve le doux partage, si elle a su s'en rendre digne par le respect dû à sa loi sainte et par la stricte observance de ses divins préceptes.

La vue de la mer produit un effet analogue. Elle nous montre notre inanité ; car que sommes-nous en face d'elle ? rien qu'un atome dans l'air ou un grain de sable sur son rivage ; mais elle nous révèle aussi la grandeur de notre destinée lorsque, dans un horizon sans limites, elle nous donne une idée exacte de l'immensité des cieux.

LE PERSIL

Le persil s'employant dans la préparation de presque tous les aliments, est l'*emblème des festins*. Il en est de plusieurs sortes, dont les uns n'ont rien de condamnable lorsqu'ils ont pour but de grandes réunions de famille pour célébrer un baptème ou un mariage, voire même dans les circonstances qui exigent beaucoup d'apparat, comme une fête nationale ou tout autre du même genre.

Mais les festins dits *de Lucullus* doivent être exclus d'une société qui se dit chrétienne, parce qu'ils sont blâmables au premier chef, n'ayant d'autre but que de satisfaire une sensualité qui se trouve excitée par la délicatesse des mets autant que par leur variété. Puis l'abondance des vins exquis vient encore s'y joindre, lorsqu'on devrait les éviter par le trouble qu'ils apportent dans nos facultés intellectuelles, outre l'inconvénient assez grave d'obérer notre bourse, ce qui nous prive d'une des plus grandes joies de la terre, celle d'exercer la charité en donnant aux pauvres le nécessaire au lieu de couvrir notre table d'un superflu inutile.

Voilà pourquoi le christianisme a fait de la tempérance une de ses vertus primordiales, sachant bien qu'elle est la source de beaucoup d'autres, et que sans elle il n'y a pas de CHASTETÉ POSSIBLE, quels que soient les efforts qu'on tenterait, mais en vain, de faire pour conserver cette précieuse vertu qui place ceux qui la pratiquent *au niveau des anges ! ! !*

Il n'y a pas de tempérament, quelque robuste qu'il soit, qui ne souffre dans le présent, mais plus encore dans l'avenir, des suites de l'intempérance, puisqu'il est reconnu que la sobriété est la mère de la santé et de la longévité sans infirmités précoces. Mettons-nous donc en garde contre les dangers que nous offre l'intempérance, dans le double intérêt de la vie de l'âme et de celle du corps. C'est surtout dans le jeune âge que nous devons combattre le penchant naturel que les enfants ont pour la gourmandise, en évitant de l'exciter par l'appât de friandises qui nuisent souvent à leur santé. On donne pour excuse à ce vilain défaut qu'il doit être toléré chez l'enfant et chez le vieillard, comme étant la première et la dernière de leurs jouissances. C'est une *grossière erreur* que de le croire, parce que, chez l'enfant qui entre dans la vie, assez de défauts sont en germe sans qu'on puisse les apercevoir, pour combattre au moins ceux qu'on y découvre, et que l'homme qui touche à la tombe doit bien plutôt se préoccuper du sort qui l'attend au delà que d'employer ses derniers jours à satisfaire de grossiers instincts qui le rapprochent de la brute. Je répéterai donc encore que, sans la *sobriété*, la *chasteté* n'est plus qu'un *mythe*.

LE MIROIR DE VÉNUS

La fleur appelée de ce nom est généralement peu connue. On l'a choisie pour en faire l'*emblème de la flatterie*. Quoi de plus redoutable que ce poison subtil qui s'infiltre en nous-mêmes à notre insu, pour y développer le germe de l'orgueil qui y est inné? Combien, si nous voulons nous mettre en garde contre ses pernicieux effets, ne devons-nous pas nous prémunir contre les flatteurs, dont le rôle est de tâcher, sous une forme ou sous une autre, de tirer profit des louanges qu'ils nous adressent ?

Combien de femmes ont dû leur perte pour s'être laissé *empoisonner par l'oreille*, à l'aide de ces louanges fastidieuses que les hommes leur adressent, sachant bien que c'est là leur *côté faible !* Qu'elles sachent donc une fois pour toutes que la femme qu'un homme *respecte le plus* est justement celle à laquelle il évite d'adresser de fades compliments : les femmes vaniteuses sont fières de se les attirer à l'aide d'une allégorie dont elles ne manquent pas de se faire l'application. Qu'elles soient donc bien convaincues que le bien qu'un homme pense réellement d'une femme consiste *à le lui taire*, d'abord pour ménager sa modestie, et ensuite pour lui prouver le degré d'estime et de considération qu'il lui accorde.

LA JALOUSIE

Malgré la variété de ses couleurs, la jalousie ne peut être une jolie fleur, parce qu'étant dépourvue de parfum elle ne peut, comme beaucoup d'autres, le remplacer par la beauté ou l'élégance de sa forme. Elle est l'*emblème de son nom.* Voilà pourquoi elle n'est ni appréciée ni recherchée de personne. Si elle figure dans nos parterres, ce n'est qu'à titre de hors-d'œuvre dont il est toujours facile de se passer. Elle est donc condamnée à mourir sur sa tige sans qu'une main amie vienne la cueillir pour orner le bouquet à offrir à un être aimé. Semblable au paria, sa destinée est de mourir sans amis. Et pourquoi cette réprobation générale ? C'est parce qu'elle est l'emblème du sentiment qui fut la cause de la mort d'Abel le juste, et que depuis lors cette coupable passion devient un poison pour le cœur qui s'y abandonne. Comme les plantes vénéneuses, elle *tue moralement;* elle tarit les sources de la vie, elle étiole les plus nobles aspirations, elle provoque et soulève les fougueux transports de la raison qu'elle égare. En un mot, la jalousie est le sentiment contre lequel nous devons nous mettre le plus en garde dans l'intérêt de notre propre bonheur, et surtout pour celui de ceux qui pourraient en être l'objet.

La jalousie a pour escorte le soupçon, qui est une injure des plus graves lorsqu'il n'est pas motivé. Quoi de plus blessant, en effet, pour un cœur qui aime sincèrement et exclusivement, que le doute injurieux de ce même amour ? La jalousie dénature tout ; elle incrimine jusqu'aux actions les plus innocentes, et, au risque de donner un démenti à M. de Voltaire, qui a dit, dans *Zaïre*, « qu'on ne peut avec excès aimer sans jalousie », moi, simple femme, je prouverai au besoin qu'on peut aimer de toute la force de son âme et de son cœur sans que la jalousie y pénètre. Il suffit pour cela que la personne aimée soit digne de notre estime, parce que le Créateur a placé à côté d'un amour pur et légitime la confiance *au doux regard*, et qu'elle seule suffit pour rasséréner le cœur le plus craintif qui s'inquiète sur la possession *exclusive* de l'objet aimé. On comprend qu'une âme basse, vile, mercenaire et vénale comme celle de l'auteur de *Zaïre*, ait fait de la jalousie la compagne inséparable de l'amour, et qu'elle ne soit accessible à aucun sentiment de confiance envers autrui. Il eût fallu pour cela qu'il se reconnût digne d'en inspirer lui-même. C'est l'*esprit de Satan* qui lui a dicté la plupart de ses œuvres, comme c'est encore lui qui lui a inspiré la pensée d'ériger la jalousie en un sentiment acceptable comme preuve de l'*excès de l'amour*, tandis qu'elle n'est que le plus sanglant outrage pour l'objet aimé.

LA RONCE

Cette plante ingrate justifie parfaitement *son emblème, l'envie*. Quoi de plus affreux, en effet, que cette hideuse passion qui ronge notre cœur? L'envie nous porte à convoiter les avantages d'autrui, sous quelque forme qu'ils se présentent à nous, ainsi qu'à jalouser tous ceux qui nous dépassent. Et cependant, que voyons-nous dans notre entourage à tous les degrés de l'échelle sociale et dans les relations intimes de famille et d'amitié? Nous voyons les hommes s'envier et se jalouser dans leurs positions respectives les avantages du mérite, du talent ou ceux de la fortune. Mais c'est surtout chez les femmes que ces deux sentiments se trouvent unis pour s'envier et se jalouser réciproquement, soit un grain de beauté, soit les avantages de la fortune ou ceux d'une position plus élevée, voire même jusqu'au moindre colifichet d'une toilette à laquelle, malheureusement, elles attachent un trop grand prix par celui que le monde y attache lui-même. Quelle triste chose qu'une société où on n'est jamais compté que pour ce que l'on *paraît être* et non pour ce qu'on *vaut*, et où le vrai mérite est si peu apprécié. Chacun y est *mesuré* à la hauteur de sa position sociale et *pesé* au point de vue de sa fortune. De là l'ambition qui porte chacun à tâcher d'acquérir l'une et de posséder l'autre, peu importe la délicatesse des moyens qu'on emploie pour y parvenir.

Pour réformer un si triste état de choses, il n'y a que la morale évangélique, en dehors de laquelle ce ne sera jamais que sur du *sable* qu'on bâtira tout édifice social ; l'expérience des faits contemporains suffit à le prouver.

LA ROSE BLANCHE

On conçoit facilement que la rose blanche soit le *symbole de l'innocence*, puisque c'est le front couronné de roses blanches que les jeunes filles dévouées au culte de Marie font escorte à sa bannière les jours de fêtes destinées à proclamer sa gloire sur la terre, comme les anges la proclament au ciel.

Quoi de plus ravissant, en effet, que ce cachet d'innocence empreint sur ces jeunes physionomies dont le souffle du monde n'a pas encore terni l'éclatante pureté? Qu'y a-t-il de plus précieux sur la terre que cette innocence dont Dieu avait doté nos premiers parents? On comprend facilement qu'ils rougirent de honte lorsqu'ils s'aperçurent de la dégradation à laquelle ils furent soumis comme châtiment mérité de leur faute, et qu'alors seulement ils connurent le prix du trésor qui venait de leur être ravi pour toujours.

Il en est encore de même de leurs descendants ; car lequel d'entre nous, ayant vécu, ne regrette pas les jours de paix et d'innocence dans lesquels s'écoulèrent ses jeunes années? jours heureux qu'on ne retrouve plus dans quelque position qu'on se trouve et dont la perte se fait sentir jusqu'au seuil de la tombe. C'est aux parents, mais surtout aux mères, que le Créateur a confié la garde de ce précieux trésor, afin qu'elles en conservent le *dépôt sacré* dans le cœur et surtout *dans la pensée* de leurs chers enfants. Leurs frais et gracieux visages offrent à leurs regards maternels l'expression enchanteresse de ces petits anges groupés autour du trône de Dieu. Cela se comprend d'autant mieux qu'une figure enfantine sur laquelle se reflète l'innocence a quelque chose de plus *céleste* que *terrestre*. On pressent que sa perte ne pourra jamais être remplacée, quels que soient d'ailleurs les charmes et agréments dont la nature et les années se plairaient à les embellir plus tard.

Pour conserver le plus tard possible l'innocence de ces enfants, il faut en toutes choses, même les plus simples en apparence, que les parents s'imposent le *devoir rigoureux* de ne jamais rien dire devant eux qui prête à l'équivoque, dont leur imagination, toujours ardente et curieuse de tout savoir, ne manquera pas de chercher à découvrir le sens caché. Il faut encore que tout ce qui se dit et se fait devant eux ne puisse jamais mettre leur innocence en éveil ; et si parfois une parole entendue leur dicte la pensée d'une demande indiscrète à laquelle la prudence ne permet pas de satisfaire, ne repoussez jamais, comme cela arrive souvent, cette demande ; au contraire, répondez-y ; mais naturellement et sans avoir l'air de vous en blesser ni d'y attacher d'importance. Expliquez dans un sens compréhensible pour l'enfant la cause ou le fait qui aura provoqué chez lui cette demande, en ayant bien soin de lui voiler ce qu'il doit ignorer, au risque de le tromper à l'aide d'un léger mensonge ou d'un adroit détour qui lui fasse supposer qu'il est parfaitement renseigné. Alors il ne s'adressera pas à d'autres, habitué qu'il doit être à ne jamais voir ses parents mentir ni à lui ni aux autres, il croira sur parole les explications qu'ils lui auront données. Se reconnaissant satisfait, il n'en demandera pas davantage, et même il ne pensera plus à ce dont il s'était préoccupé, par cette tendance naturelle qu'ont tous les enfants à se hâter d'apprendre, de connaître et de savoir ce que, hélas ! pour leur bonheur ils ne sauront toujours que *trop tôt*...

C'est *la seule* circonstance, je crois, où il soit permis de recourir au mensonge. Car autrement, comment faire pour ne pas dire la vérité qu'on a un si grand intérêt à taire ? Ce léger mensonge est d'autant plus excusable que d'abord il ne porte préjudice à personne, au contraire ; et qu'ensuite, lorsque les enfants, devenus grands eux-mêmes, reconnaîtront que leurs parents les ont trompés en leur cachant ce qu'ils devaient ignorer au jeune âge, ils ne pourront que leur en savoir gré et les imiteront même dans la gouverne de leurs enfants, si la Providence les en gratifie.

C'est surtout dans l'éducation des jeunes filles que les mères doivent déployer toute leur sagacité pour les empêcher de soulever le voile qui sied si bien à leur pudeur. Et pour cela, le point essentiel, c'est le choix de leurs compagnes. Mieux vaudrait qu'elles n'eussent d'autre amie que leur mère ; mais comme cela n'est pas toujours possible, il faut que cette dernière apporte à ce choix la plus grande clairvoyance et une prudence consommée. Sans cela, elle verra bien vite détruire son ouvrage et disparaître en un instant cette innocence qui, pendant plusieurs années, fut l'objet de sa constante sollicitude et de ses plus tendres soins.

Aucune mère n'ignore, par son passé d'abord et

ensuite par l'expérience des autres, que de deux jeunes filles qui se lient d'amitié, ce sera toujours celle qui *sait* qui apprendra à celle qui *ignore* ce qu'il serait souhaitable qu'elles ignorassent toutes deux. Il faut, avant tout, ne permettre à une jeune fille aucune espèce de relations avec d'autres compagnes que celles qui, élevées sous les auspices d'une mère vraiment chrétienne, auront, sous son inspiration et sous sa sage direction, conservé le don si précieux de l'innocence. Alors ces enfants privilégiées ne s'entretiendront que de choses en rapport avec leur âge. Dussent-elles même avoir conservé des goûts enfantins, qu'il faut bien se garder de faire disparaître, leur liaison sera sans danger. Loin de là, elle stimulera leur intelligence et les habituera au commerce de la vie.

Comme l'imagination d'une jeune fille de quinze à vingt ans a besoin d'un point sur lequel il lui soit facile de se fixer, donnez-lui la piété comme aliment à sa soif naissante d'aimer. Les suaves et délicieuses pensées qu'elle inspire, lorsqu'elle est éclairée et vive, serviront de nourriture à son âme pure et candide. Elles empêcheront de coupables pensées d'y trouver accès; elles embelliront le présent et sauvegarderont l'avenir de tout péril, surtout si elles sont assidues à ces catéchismes de persévérance dont l'institution fait la gloire du dix-neuvième siècle à titre de *rachat de ses lourdes fautes.*

LE FUCHSIA

Cette fleur, quoique charmante au regard par ses jolis nuances, mais surtout par la gracieuse courbure de ses pétales, est privée d'un parfum qui en serait le complément. Elle est l'*emblème de la grâce*, qui, pour être attrayante, a besoin du naturel. Ce naturel l'accompagne rarement, parce que chacun voulant mettre de la grâce dans ses mouvements, emprunte à l'art ce que la nature seule peut donner. Alors ce n'est plus que de la prétention qui a pour résultat le ridicule. Souvent on s'étudie à l'acquérir, oubliant que les vraies grâces sont naturelles, et qu'il en est d'elles comme de l'esprit qu'on veut *avoir*, qui gâte toujours celui qu'on *a*.

LE CAMELLIA

Cette fleur, dite des marquises et des duchesses, parce qu'elle fait l'ornement des salons, est originaire de la Chine ou du Japon. Elle est l'*emblème du bon ton*. Tout plaît en elle : gracieuse sans faste, brillante sans afficher la moindre prétention, elle plaît à tous les regards, comme les manières distinguées et sans apprêt plaisent à tout le monde. Certaines personnes essayent de simuler le ton de la bonne compagnie par une certaine roideur dans le maintien, par un langage recherché et par un air maniéré qui ne lui ressemblent en rien, attendu que le véritable *bon ton* ne constitue pas une qualité définie, mais seulement un *ensemble* de tout ce qui *est bien* à *l'exclusion* de tout ce qui *est mal ou choquant*. En un mot, *le vrai bon ton est celui de n'en point avoir*. Pour l'acquérir, il faut savoir se plier aux usages reçus dans le monde distingué, mais toujours en rapport avec celui du pays qu'on habite. On doit, avant tout, respecter les convenances sociales et les bienséances, et surtout savoir écouter sans interrompre ceux qui parlent, ne le faire jamais soi-même qu'à propos sur les divers sujets de conversation qui s'engagent, et ne s'immiscer que dans celles où on est certain, sinon de briller, du moins de se faire entendre avec plaisir, sans ennui comme sans lassitude, par suite de la prolixité de celui qui parle.

LE TOURNESOL.

Cette orgueilleuse fleur a été reléguée au milieu du potager, parce qu'elle n'est vraiment pas digne d'orner un parterre. Elle est l'*emblème de la servilité* par sa faculté de faire face au soleil à quelque point de la voûte céleste qu'il se trouve. On la compare au vil courtisan qui, lui aussi, se courbe devant un maître *qui le méprise*, tout en acceptant ses fades adulations.

L'orgueil et la sottise sont inséparables : aussi le sot orgueilleux ne plaît-il à personne, excepté à lui-même. L'homme de mérite, au contraire, s'efface toujours afin de faire ressortir celui d'autrui : aussi tout le monde l'estime, l'aime et l'admire. Quand bien même le code évangélique ne nous ferait pas une loi de la modestie, dans notre propre intérêt nous devrions toujours nous montrer modestes en sachant l'être véritablement dans notre for intérieur.

LE NISSUPHŒA-LOTUS

Le nissuphœa-lotus est une fleur étrangère peu commue. Aussi en a-t-on fait *l'emblème de l'éloquence*. En effet, quoi de plus inconnu de nos jours que la véritable éloquence? Ce beau don de la parole ne devrait jamais être employé qu'aux nobles et saintes causes, comme par exemple à la défense du juste contre l'injuste, de l'opprimé contre l'oppresseur, de la veuve et de l'orphelin contre le spoliateur, et à la défense de la vérité contre l'erreur.

Malheureusement il n'en est point ainsi, et si, d'un côté, la chaire de vérité nous montre l'éloquence chrétienne dans ce qu'elle a de plus élevé et de plus sublime, de l'autre nous ne manquons pas d'orateurs qui la rapetissent afin de la descendre à leur niveau. Ils ne s'en servent que pour exciter de factices enthousiasmes en surexcitant les passions dans le but de faire accepter comme *vrais* leurs sophismes, qu'ils savent couvrir de la transparence de la vérité afin de propager l'erreur qui lui est diamétralement opposée.

Nos Démosthènes modernes ne manquent pas de

talent, on ne peut s'empêcher de le reconnaître. Ce qui fait défaut chez eux, c'est la conviction, d'où découle l'inspiration du bien sous toutes les formes. C'est le génie qui enfante la vraie éloquence, celle qui arrive droit au cœur, qui émeut l'âme en la transportant, pour ainsi dire, aux confins du monde créé, où siége ce Dieu dont l'intervention divine dans les choses humaines est aussi incontestable que la lumière du soleil. Ainsi s'est plu à le reconnaître le souverain qui a prononcé ces mémorables paroles : « Tout homme, dès son enfance, doit recevoir ces principes de foi et de morale qui l'élèvent à ses propres yeux; il doit savoir alors qu'au-dessus de l'intelligence humaine, au-dessus des efforts de la raison, il existe une *volonté suprême* qui règle la destinée des individus comme celle des nations. » Cette inspiration, venue *d'en haut*, résume en peu de mots un chef-d'œuvre d'éloquence; elle ne pourra que porter bonheur au souverain qui s'en est rendu l'écho.

LE GUI

Le gui, par la ténacité avec laquelle il s'attache aux arbres, est le *symbole de la force morale*, cette force qui nous fait surmonter les obstacles qui s'opposent à nos desseins. Ce beau don du Créateur, si nécessaire pendant notre traversée terrestre, est ordinairement l'apanage des âmes fortes, dont la vie pure et sans tache déploie cette mâle énergie qui fait tout surmonter et tout vaincre.

En effet, pour être fort dans l'adversité comme dans la prospérité, ce qui est plus difficile encore, il faut, avant tout, être fort en soi-même, c'est-à-dire n'avoir rien de grave à se reprocher, sauf ces fautes légères inhérentes à notre fragile nature, qui ne donnent lieu qu'à des regrets, qu'au repentir, mais jamais aux remords. Pour obtenir cette force morale, il y a trois moyens infaillibles : c'est d'être *fort* par sa confiance en Dieu, *fort* par la pureté de ses intentions, et partant de là, *fort* en soi-même. Avec cette triple force on va loin, on ne fait pas fausse route, on s'égare moins encore, on ne faiblit jamais !

LA STELLAIRE

Cette fleur est l'ornement de nos haies et de nos charmilles, parce qu'elle semble ne se plaire qu'au milieu des ronces et des épines. Voilà sans doute pourquoi on en a fait l'*emblème de la vertu austère*. Ainsi que la vertu austère, cette fleur n'a pas à redouter le mauvais voisinage de ces deux plantes parasites, leur contact ne peut altérer la blancheur de ses pétales ni même étioler son gracieux ensemble. Sa fleur a la forme d'une étoile, la terre en est parsemée comme le ciel lui-même l'est de cette myriade d'étoiles qui, semblables à des diamants, ornent de mille feux étincelants sa voûte azurée.

La vertu, pour rester intacte, *a besoin d'austérité*; sans cela, comment résisterait-elle aux dangers auxquels les relations du monde l'exposent? Il ne faut pas confondre l'austérité avec la *pruderie*: l'une est l'apanage de la vertu, tandis que l'autre n'en est que le simulacre. Aussi s'effarouche-t-elle de ces riens sans importance, lorsque la vertu ne se montre austère que lorsqu'il y a un danger réel. Ce sera toujours avec aménité et sans courroux qu'elle repoussera les attaques qui pourraient être dirigées contre elle. La prudence et la réserve qui dictent sa conduite n'excluent pas un aimable enjouement, auquel la vertu se prête toujours lorsqu'il n'y a rien que d'innocent. L'expérience doit apprendre aux femmes que c'est toujours avec ménagement qu'elles doivent repousser les coupables avances qui leur seraient faites, si elles ne veulent se faire un mortel ennemi de l'homme éconduit avec rudesse en froissant son amour-propre. Et Dieu sait comment souvent il s'en venge! Au lieu que, sous une forme symbolique ou allégorique, une femme peut toujours se faire comprendre et rappeler *à l'ordre* l'homme qui oserait lui tenir un langage que sa dignité ne lui permet ni d'entendre ni d'encourager. Par ce moyen, elle le ramènera au respect qu'il lui doit ; leurs relations n'en seront point altérées et elle n'aura pas à redouter les effets d'une vengeance sans motif.

LE NÉNUPHAR

Le nénuphar blanc, appelé vulgairement le lis des étangs, est sans contredit la plus belle des plantes aquatiques et une des plus belles plantes qu'on connaisse. Ses feuilles rondes, d'un beau vert, de la largeur d'une assiette, flottent sur l'eau ; ses larges fleurs blanches et doubles, en forme de volant, épanouies pendant tout l'été, en font un magnifique spectacle.

Cette plante aquatique est l'*emblème de la froideur*. Triste emblème, puisqu'il nous représente un cœur sec et indifférent aux plus doux sentiments de la nature. Si ceux qui ont le malheur d'en être dotés sont exempts des souffrances qu'éprouvent les âmes sensibles et aimantes, ils sont aussi privés des douces joies que ces dernières ressentent au milieu des saintes affections de la famille et des douceurs de l'amitié. Ce qu'il y a de plus fâcheux pour eux, c'est qu'ils sont privés de l'indicible bonheur d'aimer Dieu, qui, étant tout amour, réclame le nôtre dans toute sa force et sans partage. Ces êtres indifférents sont incapables de ressentir une tendre aspiration vers lui. Ce n'est jamais que du bout des lèvres qu'ils lui adressent quelques prières formulées à l'avance. Pour eux, point de ces entretiens intimes avec lui dans lesquels le cœur se dilate. Ils ne se transportent jamais en pensée au pied de son trône majestueux pour implorer le pardon de leurs fautes et lui demander les grâces et les bénédictions que son cœur de père est toujours prêt à accorder à quiconque les réclame. Soyons assurés que ce n'est jamais en vain qu'il prête une oreille attentive à nos supplications, et que s'il ne nous exauce pas à l'instant même, c'est qu'il veut, en nous faisant attendre, nous empêcher d'accepter comme chose *due* les bienfaits que nous tenons de sa munificence sans lui en tenir compte et sans lui en exprimer notre filiale reconnaissance. Qui de nous encore n'a pas eu à le remercier de la non-obtention d'une demande? et qui n'a pas eu lieu de reconnaître que, contrairement à nos prévisions, ce que nous lui demandions avec tant d'ardeur eût fait notre propre malheur?

LA FLEUR NOMMÉE BON-HENRI

L'*emblème* de cette fleur se rattache sans doute
à son nom, puisqu'il désigne *la bonté*. La bonté
n'est-elle pas la plus belle et la plus noble des
qualités du cœur? Devant elle, toute personne
douée du moindre mérite ne peut s'empêcher de
s'incliner. En effet, quoi de plus touchant que la
bonté? quoi de plus attrayant que les rapports qui
s'établissent avec une personne bonne par nature?
Chez elle, on est certain de ne pas rencontrer cette
versatilité d'humeur qui rend tout commerce insupportable; elle sera bonne toujours et quand
même, en tous lieux comme en toutes circonstances, et pour cela elle n'a qu'à suivre l'impulsion de son cœur sans qu'il lui en coûte le moindre
effort.

Combien la bonté plane au-dessus de la beauté,
qui, près d'elle, n'est qu'un vain prestige par sa
courte durée! Elle plane encore au-dessus de celui
de l'esprit, du talent et de l'érudition; elle leur est
préférable même. Aussi la bonté est-elle le cachet
caractéristique de la figure du Christ, dont la plus

tendre mansuétude recouvre les traits divins d'une auréole de gloire et de majesté !

C'est bien à tort qu'on confond la *bonté* avec la *douceur*, qualité bien appréciable sans doute, mais qui ne relève que du caractère, tandis que la bonté émane du cœur. J'ajouterai même que bien rarement ces deux qualités se trouvent réunies, attendu qu'on ne peut être *bon* sans être *doux,* et qu'on peut être *doux* sans être *bon.* J'ai remarqué que certaines natures énergiques possédaient la bonté au suprême degré, tandis que ces natures doucereuses en apparence renferment souvent beaucoup de fiel. Pour mon compte, je me mets toujours en garde contre ces gens appelés vulgairement, et contre toute règle grammaticale, *doucinats*, parce que, dans mes rapports avec eux, je les ai toujours trouvés très-durs dans le fond quoique très-doux par la forme : et en cela je me crois dans le vrai et dans la généralité. Ainsi que Mgr Dupanloup, je me défie de *l'eau dormante…*

LE HÊTRE

Cet arbre a été choisi pour *l'emblème de la prospérité.* Bel emblème, car qui de nous ne désire prospérer en ce monde ? La prospérité n'a rien en soi de condamnable lorsqu'elle est due à une sage économie, dépouillée de toute avarice et d'ambition, si elle nous fait prudemment agir pour faire fructifier ou conserver le bien patrimonial ou celui que nous avons acquis à la sueur de notre front. Mais pour que la prospérité soit durable, il faut que notre conscience n'ait rien à nous reprocher à l'endroit des intérêts d'autrui avec lesquels les nôtres se seront trouvés en rapport. Il faut encore qu'elle soit étayée par une piété profonde et sincère comme par une moralité irréprochable. La *probité et la moralité sont sœurs* ; elles se prêtent un mutuel appui, et lorsque l'une fait défaut, l'autre touche à sa perte. C'est la piété qui les rallie, qui cimente leur union et qui en devient le plus ferme soutien.

LE CALÉGA

La raison réclame aussi *son emblème*. Je ne sais pourquoi on a choisi le caléga pour remplir ce rôle. Je l'accepte donc sans commentaire, parce que, au fait, je ne vois pas de motif pour le lui refuser lorsqu'elle y a des droits à plus d'un titre. C'est elle que nos rationalistes déifient en la proclamant la *reine de la société moderne*. Pauvre raison, elle n'a cependant aucun droit à de tels hommages. Pourquoi donc ne vouloir se laisser conduire que par elle, lorsque nous la voyons si souvent *déraisonner*?

La raison, envisagée au point de vue de nos novateurs, peut être comparée aux bulles de savon que les enfants s'amusent à gonfler pour les faire monter en l'air ; elles s'y élèvent souvent à une grande hauteur ; puis, après les avoir éblouis par la variété de leurs couleurs et l'audace de leur vol, elles en redescendent pour s'éclipser et s'anéantir à leurs pieds.

Il en est de même de la raison humaine qui, abandonnée à elle-même, erre dans le vague, faute d'un point d'appui et d'un régulateur de ses actes. Les rationalistes nous disent : « Si Dieu a donné à l'homme la raison pour le conduire et le libre arbitre pour agir d'après elle, pourquoi l'homme n'en ferait-il pas usage? » A cela je répondrai : Si Dieu a fait ce double don à l'être privilégié de la création, dans sa prescience il savait qu'entre ses mains *fragiles* il pouvait devenir une arme dangereuse ; voilà pourquoi, dans sa bonté paternelle, il a illuminé son âme d'un de ses rayons divins à l'aide duquel sa raison, éclairée du flambeau de la foi, devait le guider dans le sentier de la vie, puis le conduire au terme de son existence, dont le but est ce beau ciel où il l'attend pour le faire jouir éternellement de la plénitude de sa gloire.

Que nos sceptiques en matière de foi et nos rationalistes essayent de nous convaincre par des preuves *irrécusables* que la *déesse Raison* peut enfanter des prodiges comparables à ceux qui découlent si naturellement des sources vivaces du christianisme. On peut hardiment *leur en jeter le défi* et leur prouver, par des faits anciens et modernes, qu'ils n'ont jamais bâti et ne *bâtiront jamais que sur du sable*, tandis que lui a ses assises dans l'âme de tout être intelligent et doué de raison. Ses fondements s'appuient sur une pierre indestructible, au sommet de laquelle plane l'étendard sacré de la croix qu'il n'est donné à nulle main d'abattre. La croix n'est-elle pas immortelle ? La chute de sa symbolique représentation sera à la fin des temps le dernier *choc* qu'on entendra *au dernier jour !!*

LE FRÊNE

Le frêne *symbolise la grandeur*, tant par sa forme élancée que par la dureté de son bois. Cela se comprend d'autant mieux que, pour être doué de grandeur d'âme, il faut une certaine force morale qui nous élève au-dessus du vulgaire et qui nous mette à même de déployer avec énergie cette noble qualité dans les graves circonstances de la vie. C'est là la véritable grandeur.

Quant à celle qui prend sa source dans une position élevée, elle *a sa raison d'être* par suite de l'inégalité des positions de chacun de nous. C'est ce qu'on appelle hiérarchie sociale, sans laquelle il n'y a pas de société possible. Les divers degrés qui distinguent les hommes et les classent suivant leur rang ou leur mérite sont indispensables ; sans eux, rien de stable ni de régulier ; tout serait chaos et perturbation ; et tout en ne nous agenouillant pas devant les grandeurs humaines, nous ne devons cependant pas nous refuser à leur accorder la distinction à laquelle elles ont droit ; si notre orgueil s'y refuse, notre raison doit nous rappeler qu'il ne peut en être autrement, si nous ne voulons contribuer à renverser l'ordre moral par la confusion des rangs, des positions et des fortunes.

Le frêne symbolise d'autant mieux la grandeur qu'il s'élève d'un seul jet et porte haut sa cime. Cette comparaison est des plus justes, si on met en parallèle ceux qui possèdent, avec la grandeur d'âme, la droiture qui en est la conséquence naturelle. En effet, rien ne donne un air majestueux comme une conscience droite, qui nous élève au-dessus de ces êtres médiocres dont l'esprit étroit et mercantile vit terre à terre dans un horizon borné par des calculs d'intérêt ou d'ambition toujours inassouvis ; car plus on *a*, plus on veut *avoir*, comme plus on est élevé sur l'échelle sociale, plus on désire s'élever encore.

L'ABSINTHE

L'absinthe, en raison de son amertume, a été choisie pour être l'*emblème de l'absence*. En effet, quoi de plus amer et de plus douloureux qu'une absence, surtout si elle doit être longue ? Quoi de plus pénible que notre séparation d'une personne aimée ? Si le proverbe qui dit que « les absents ont tort » a quelquefois raison, ce ne peut être pour ceux qui aiment véritablement ; car, pour eux, le cœur ne vit que dans ses affections. La séparation, loin de les affaiblir, ne sert au contraire qu'à les raviver, et c'est avec raison qu'il est dit que « si l'absence détruit les petites affections et les amitiés passagères, elle centuple les grandes. » Celles-ci ont pris racine au plus intime de notre être et ne s'altèrent jamais, ni par l'es-

pace ni par le temps, puisque la mort elle-même,
cette *absence sans retour*, ne nous fait jamais cesser
d'aimer nos chers et regrettés défunts.

L'AMARYLLIS

Les fleurs ont cela d'exceptionnel c'est de nous
offrir par leurs agréments et leurs défectuosités
l'emblème de nos qualités comme celui de nos
défauts. L'amaryllis, par exemple, est *l'emblème
de la fierté*. Issue de notre orgueil, la fierté nous
fait regarder avec dédain tous ceux qui paraissent
au-dessous de nous. Elle est l'apanage de la sottise ;
elle ne sied à personne, quelque élevée que soit la
position qu'on occupe ou l'immense fortune dont
on jouit. Ce travers a pour effet certain de nous
aliéner l'estime et la sympathie de ceux avec lesquels
nous nous trouvons en rapport, et, ce qui est pire
encore, de nous créer beaucoup d'ennemis et bien
peu d'amis. Nous y avons tous un peu plus ou un
peu moins de tendance naturelle. Voilà pourquoi le
Christ nous fait un devoir d'être humbles, en nous
offrant lui-même le plus parfait modèle de l'humilité, puisque étant la puissance suprême il pratiqua
cette vertu au plus haut degré.

C'est avec raison qu'il est dit : « Rien de plus orgueilleux et fier qu'un *sot*. » Il est permis d'ajouter : Rien de plus ennuyeux qu'un bavard ou un facétieux, ces diseurs de riens inutiles. Est-il rien de plus ridicule qu'une vieille et prétentieuse coquette? rien de plus détestable que les médisants et surtout les calomniateurs? rien de plus haïssable que les méchants, et rien de plus odieux, aux yeux des gens de bien, qu'un athée qui nie Dieu, qu'un sceptique qui ne croit à rien, qu'un impie qui brave tout en insultant nos plus saintes croyances?

L'AIGREMOINE

Quelle belle et noble qualité que celle dont l'aigremoine est l'*emblème : la reconnaissance!* En effet, quoi de plus digne d'admiration qu'un cœur reconnaissant? C'est bien d'elle qu'il est permis de dire « qu'elle est l'apanage des belles âmes qui conservent comme un précieux trésor, au fond de leur cœur, le souvenir d'un bienfait reçu ou celui d'une preuve d'affection ou de dévouement obtenue. » C'est pour elles une dette sacrée dont elles ne manquent jamais de s'acquitter avec bonheur lorsque l'occasion s'en présente; et si elles en sont privées, leur gratitude ne s'éteint qu'avec leur dernier soupir.

La société moderne, qui a fait *table rase* de tout ce qui grandit et honore l'humanité, a commencé par anéantir la reconnaissance, ce sentiment si pur et si doux à exprimer à ceux qui nous ont fait preuve d'affection et de dévouement, pour la remplacer par une *noire ingratitude*, partage des âmes *basses et viles*. Ce vice odieux atrophie le cœur, met des bornes à l'intelligence, qui, étant le côté transcendant de notre organisation morale, a besoin de puiser ses inspirations et son développement au foyer du cœur dont elle reflète les sentiments intimes.

L'ANANAS

Ce fruit est *l'emblème de la perfection terrestre* — puisque la véritable n'est qu'au ciel. — La fleur, le parfum et le fruit de l'ananas ne laissent rien à désirer; de là son emblème. Son prix élevé ne le rend accessible qu'aux personnes riches; celles qui sont moins favorisées de ce côté le remplacent par des fruits savoureux dont elles se contentent

sans se trouver à plaindre d'une aussi légère priva-
tion. Car, qu'est-ce qu'une délectation du palais
qui dure de cinq à dix minutes au plus? Lorsqu'on
y réfléchit, ce n'est rien, absolument rien, surtout
pour le sage, qui sait que « rente de bouche vaut
rente de pré », et que l'abstention d'une nourriture
succulente, outre qu'elle ménage notre bourse, nous
offre encore l'avantage de donner à nos facultés
intellectuelles un développement qui s'accroît de
tout ce que nous refusons aux jouissances purement matérielles. Ces dernières ont pour résultat
certain de les étioler en nous rapprochant plus de
l'animal que de l'homme, roi de la création !

Sobriété bienfaisante, mère de la santé et de la
longévité, sois notre guide ; ne nous laisse pas suc-
comber à l'attrait d'une sensualité dont nous payons
toujours trop cher la coupable jouissance ; fais
que nous ne sacrifiions pas la plus noble partie
de nous-mêmes à la plus infime, pour que l'esprit
l'emporte toujours sur la matière. Les plus grands
saints comme les plus célèbres philosophes de l'antiquité n'ont-ils pas toujours été des modèles de
sobriété pour devenir des modèles de *chasteté ?*
Ces deux vertus sont unies et *tellement dépendantes
l'une de l'autre que, sans la sobriété, la chasteté
n'est plus qu'un mythe...* Le Christ ne nous l'a-t-il
pas prouvé par son exemple ? n'a-t-il pas fait de la
chasteté, dans le célibat comme dans le mariage,
une des premières vertus de sa sublime morale ?

L'ANODIDE

Cette fleur est l'*emblème des regrets et de dou-*
loureux souvenirs. Elle porte en sa forme une empreinte de tristesse qui en dérive. Au lieu de ré-
créer la vue comme ses sœurs, on évite de s'arrêter
devant elle. C'est qu'il en est bien peu d'entre
nous qui n'aient à regretter certains actes de leur
vie ou qui soient à l'abri de *douloureux souvenirs*.
Les regrets sont inhérents à nos œuvres, lesquelles,
pour ceux qui ont vécu, sont rarement exemptes de
reproches, et presque toujours de douloureux souvenirs se rattachent aux circonstances diverses dans
lesquelles nous nous sommes trouvés ; souvent ils
ont tracé leurs sillons dans notre cœur de manière
à les rendre ineffaçables.

LA GUIMAUVE

Cette fleur n'offre rien d'agréable à la vue ; mais
quoi de plus doux que son *emblème : la bienfai-*

sance? Cette vertu émane d'une âme compatissante aux maux de ses semblables ; elle est la source de beaucoup d'autres et celle encore du plus grand bonheur qu'il nous soit donné de goûter ici-bas. La bienfaisance issue de la charité est l'apanage des belles âmes ; elle est la vertu par excellence, celle de laquelle le Christ a dit « qu'elle ouvrirait la porte des cieux à quiconque l'aurait pratiquée sur cette terre, et qu'à elle seule elle serait le rachat des plus lourdes fautes. » La charité n'est-elle pas le sacré parvis qui y confine? Aussi en a-t-il fait la base fondamentale de sa doctrine : sachant qu'il y aurait toujours des pauvres parmi nous, il a voulu mettre la plus sublime des récompenses à la pratique constante des bonnes œuvres, sans lesquelles *la foi sera comptée pour rien.*

Inspirons-nous donc du désir incessant de venir en aide à nos frères en Jésus-Christ sous une forme ou sous une autre, soit par nos conseils et par notre dévouement, si nous ne pouvons le faire à l'aide de notre bourse ; en un mot, mettons en pratique cette épigraphe : La charité *partout* et par *tous,* la charité *toujours,* la charité *quand même.*

L'ANCOLIE

On a fait de l'ancolie l'*emblème de la folie* en la comparant à la plus horrible des maladies qui affligent l'humanité. En effet, cette affection, en s'attaquant aux organes de l'intelligence, est cent fois pire que la mort ; car est-ce vivre que d'en être privé ? Elle peut avoir pour cause de coupables excès ou de coupables égarements, ainsi que l'action d'agents trop énergiques pour l'organisme. Elle atteint généralement les natures très-impressionnables, incapables physiquement ou moralement de résister à de trop fortes émotions. Souvent même elle est le triste apanage de ceux qui sont doués d'une intelligence d'élite, en lutte avec de grandes idées ou de grands sentiments traversés par d'amères déceptions.

Ceci est assez rassurant pour les *sots*, dont le nombre est trop grand pour être appréciable : aussi sont-ils sans pitié pour ces pauvres fous, si dignes d'intérêt pourtant ! A eux se joignent encore les méchants, les envieux et les jaloux, pour couvrir de mépris et de leurs sarcasmes ces pauvres infortunés dont la moitié peut-être valent mieux qu'eux ! Qu'ils s'attachent plutôt à les plaindre et à les soulager dans leur infortune ; qu'ils en adoucissent l'amertume autant qu'il dépend d'eux de le faire ; qu'ils se rappellent encore que si la folie est assez ordinairement la maladie des gens d'esprit, les *sots eux-mêmes* n'en sont point à l'abri par suite *d'autres causes*. Dieu n'imputera à l'homme privé de sa raison aucun des actes de sa vie, tandis qu'il tiendra un compte rigoureux de leur indigne conduite envers eux.

L'ÉPINE NOIRE

C'est avec raison qu'on a choisi l'épine noire pour être l'*emblème des difficultés*. Ne sont-elles pas, en effet, placées en tête de toute entreprise importante ou de toute œuvre grandiose, voire même dans les détails de la vie intime ? Les natures énergiques, au lieu de se laisser abattre par les difficultés, y trouvent au contraire une recrudescence de forces. Un obstacle à vaincre est un attrait pour elles ; il les éperonne et centuple leurs moyens d'action. En un mot, plus leur courage est à l'épreuve, plus elles le sentent grandir. Aussi est-il bien rare que leurs luttes poursuivies avec persévérance ne leur fassent pas atteindre le but qu'elles se sont proposé, puisque, ainsi qu'il est dit, « toutes choses viennent à point à qui peut et sait attendre. »

L'ACONIT

Il est assez difficile de s'étendre longuement sur l'*emblème* de cette fleur, qui est celui *du crime et du meurtre*. C'est sans doute parce que l'aconit recèle dans son sein un poison des plus subtils qu'on l'a comparé à ces grands forfaits qui ensanglantent le monde. Si le Créateur a permis qu'il existât des plantes vénéneuses qui causent la mort, il nous a mis à même, par l'étude que nous pouvons faire de leur propriété morbide, d'en éviter l'emploi et de même de nous préserver des dangers du vice — qui presque toujours est la source du crime — par la pratique des divins préceptes contenus dans sa loi sainte.

L'amour et la crainte de Dieu sont le contrepoison qui nous préserve de tout contact dangereux, en nous mettant à l'abri de leur funeste influence et de la contagion qui en découle. Ces deux sentiments innés dans le cœur de l'homme

de bien font sa force au jour du danger, son soutien dans ses instants de défaillance, son point d'ar-
rêt dans l'entraînement des passions, sa sauvegarde
dans les dangers et son espérance suprême à l'instant où il franchit le seuil redoutable de la tombe.

L'ACHILLÉE MILLE-FEUILLES

Quel terrible et redoutable *emblème* que celui
que nous offre cette fleur : *la guerre!* En effet, la
guerre n'est-elle pas le plus horrible des fléaux,
puisqu'il dépend absolument de nous de l'éviter? Il
ne peut en être de même de la peste et de la fa-
mine, ces dernières étant des châtiments que Dieu
nous envoie pour nous ramener à lui, dont trop
souvent la prospérité nous éloigne. Elles ont leur
raison d'être; mais la guerre n'en a d'autre que
celle de notre convoitise, de notre cupidité ou de
notre ambition.

Malheureux que nous sommes ! nous nations ci-
vilisées, imiter les peuplades sauvages qui ne reconnaissent que la loi du plus fort et le droit de con-
quête ! Est-il possible, lorsqu'on envisage la guerre
à froid, de ne pas frémir d'horreur à la pensée

seule de nous entr'égorger pour une portion de territoire ou pour nous venger d'une offense reçue? Combien, en face de ces milliers d'existences qu'il a fallu lui sacrifier, la gloire perd de son prestige et la victoire de ses lauriers! Non, en vérité, on ne comprend pas quel esprit satanique s'est emparé des peuples lorsqu'ils tranchent par les armes les questions qui les divisent; il faut vraiment que le vertige se soit emparé d'eux au point de ne plus leur laisser l'appréciation de leurs actes; autrement ils trembleraient d'épouvante à l'idée d'inonder la terre du plus pur de leur sang! Les armées ne se composent-elles pas de la portion la plus jeune, la plus vivace et la plus virile des nations? Et c'est cette même jeunesse, pleine d'ardeur et de dévouement, que la patrie va conduire à la boucherie, sous ce faux et prestigieux prétexte de victoire et de gloire qui y est attaché. Elle va, dis-je, faire mordre la poussière à ses propres enfants après les avoir arrachés à leurs familles auxquelles leurs bras étaient nécessaires et souvent même indispensables. Voilà pourtant les tristes effets de la guerre et ses déplorables résultats. Si, comme moyen de défense, elle est nécessaire, indispensable même, ne suffirait-il pas de faire comprendre aux nations *l'iniquité de l'attaque* pour rendre *la défense inutile?* Poser un tel problème, n'est-ce pas le résoudre?

Il est impossible, lorsqu'on assiste à une ma-

nœuvre, de s'empêcher d'être mû de tristesse en
réfléchissant que tant d'art, tant de souplesse
dans la volonté, tant de précision dans les mouvements, le tout formant cet ensemble si parfait qui
constitue le grand art de la guerre, n'ait d'autre
but que la mort symétriquement donnée à des
hommes inconnus, reconnaissables seulement à la
couleur de leur uniforme, et desquels on la reçoit
avec le même appareil de légitimité. Non, mon
Dieu, ce n'est pas vous qui avez institué la guerre ;
c'est la perversité de ces hommes que vous avez
créés pour s'aimer et pour s'entr'aider qui l'a intro-
duite parmi eux. Si vous lui laissez accomplir ses
funestes ravages, c'est qu'il convenait à votre gloire
que la cause du droit et celle de la justice triom-
phassent de l'ambition des conquérants, de la convoitise et de la spoliation des peuples. C'est sous
l'étendard *du Dieu des armées*, protecteur des
justes et nobles causes, que notre belle France
s'est placée lorsqu'elle a été victorieuse par les
armes ; c'est par la valeur et l'intrépidité de ses
enfants dont la bravoure est proverbiale ; car,
après tout, ne sont-ce pas les soldats qui assurent
la victoire ?

LA PETITE SAUGE

Cette fleur est sans apparence comme sans
beauté. Je ne vois pas trop pourquoi on en a fait
l'*emblème de l'estime*. Je l'accepte donc tel quel ;
mais, je ne puis m'empêcher de reconnaître que
cet emblème est l'expression d'un don précieux
pour celui qui le possède, surtout s'il s'en reconnaît vraiment digne. Quel lourd fardeau à porter
que celui de l'estime des gens de bien, lorsque
c'est notre hypocrisie qui les a fait tomber dans un
piége d'où il est résulté pour nous la réputation
usurpée d'une estime imméritée dont nous ne pouvons nous empêcher de rougir intérieurement,
sachant bien que si nous nous étions montrés à eux
tels que nous sommes véritablement, ils nous cou-
vriraient d'un mépris égal à l'estime qu'ils nous
accordent.

C'est là pourtant ce qui arrive trop souvent de
la part des meilleures natures : toujours disposées à
juger les autres par elles-mêmes, elles ne les voient
que par leur beau côté. Il n'en est pas de même
du penseur, ainsi que de ceux qui joignent à l'expérience de la vie un coup d'œil observateur qui

scrute jusqu'au fond du cœur et saisit la pensée intime au passage, c'est-à-dire lorsqu'elle se révèle dans d'imperceptibles riens qui passent inaperçus aux yeux du vulgaire. C'est le vrai moyen pour prendre la *nature sur le fait* et silhouetter, sans qu'ils s'en doutent, ceux que nous avons intérêt à connaître avant d'entrer en relation avec eux. En agissant ainsi, nous ne sommes jamais exposés à de regrettables ou amères déceptions, comme les personnes qui accordent leur estime ou leur amitié à la légère. De là tant de querelles et de brouilleries suscitées par ceux avec lesquels, après un plus mûr examen, on eût évité de se mettre en rapport.

LE SAULE DE BABYLONE DIT SAULE PLEUREUR.

La *mélancolie* est une disposition particulière de l'âme qui donne à la physionomie une certaine teinte de tristesse qui n'est pas sans charme. On a choisi le *saule pleureur* pour en faire *son emblème*. Rien de plus juste que cette comparaison, attendu que, semblable à cet arbre, la mélancolie s'incline sur elle-même. Le mélancolique se complaît dans une douce rêverie, comme celui-ci se plaît à laisser tomber ses rameaux soit au bord d'un ruisseau, soit au-dessus d'une tombe qu'il semble arroser des gouttes de rosée qui s'échappent de ses feuilles. De même la mélancolie mouille la paupière de ceux qui regrettent l'être chéri dont elle renferme la dépouille mortelle.

Malgré que la gaieté soit le cachet d'un caractère aimable, et qu'à ce titre elle ait bien son mérite, la mélancolie, qui est son antidote, n'est pas sans attraits lorsqu'elle n'est pas permanente. Elle est ordinairement la révélation d'une nature sensible et aimante qui rencontre rarement un cœur fait pour la comprendre. Alors la personne douée d'une nature aimante et expansive préfère placer ses jouissances dans le souvenir de quelques instants de bonheur évanoui, que de chercher à s'étourdir au milieu du tourbillon d'un monde dont elle sait comprendre l'inanité des faux plaisirs. Les femmes, par leur nature, sont plus prédisposées à la mélancolie que les hommes. Dans ces instants où leur âme, anxieuse de bonheur, cherche autour d'elle ce qui peut le lui procurer suivant ses goûts, ne trouvant rien qui puisse la satisfaire, elle s'élève vers cette voûte azurée pour y contempler les astres dont elle interroge l'évolution. A travers leur lumière phosphorescente elle croit apercevoir Dieu régissant les mondes qu'il a créés; alors elle l'adore dans ses œuvres. Elle comprend que lui seul peut lui donner le degré de félicité auquel elle aspire, et, confiante dans cet espoir, elle s'abandonne à une douce et vague rêverie qui, reflétée sur la physionomie de la femme qui s'en inspire, en fait un être plus *céleste* que *terrestre*. Ce serait en vain que vous chercheriez cette expression enchanteresse sur les traits d'une femme coquette, légère et mondaine, dont la mobilité des pensées ne s'arrête jamais que sur des sujets frivoles, et la conversation que sur d'oiseux entretiens, quand ils ne roulent pas sur la médisance, cette sœur de la calomnie, dont l'envie et la jalousie font les frais. Qu'il est pénible de s'avouer que, parmi nous, l'envie, la jalousie, la méchanceté et la sottise sont des horizons sans limites! *Pauvre humanité!*

LE THYM

La célérité avec laquelle le thym nous donne ses feuilles et ses fleurs l'a fait choisir pour être l'*emblème de l'activité*, qualité bien précieuse, puisque par elle on double sa vie en multipliant ses œuvres. Rien de plus nécessaire, pour éviter l'isolement et l'ennui qui en découle, que de se créer une vie

active qui donne des ailes au temps tout en dou-
blant les avantages qu'on retire d'un travail pro-
ductif. Y a-t-il rien de plus insupportable que les
personnes lentes à agir, qui emploient le double
de temps nécessaire à ce qu'elles font, sans pour
cela faire mieux que les autres? Exemple : les
abeilles, qui butinent si vite et ont sitôt transformé
le suc des fleurs en un miel délicieux.

Je me rappelle avoir connu une femme d'une
activité extraordinaire, dont les affaires commer-
ciales réclamaient tous les soins nécessaires aux
besoins de sa famille. Elle avait pris pour devise :
Vite et bien; car agir *vite* et *faire mal*, ce n'est
plus aller *vite*, attendu qu'on est exposé à recom-
mencer ou à se contenter d'une chose mal faite ou
incomplète. Cet axiome était tellement passé dans
ses habitudes que, bien que faisant souvent le
double de besogne qu'une autre dans le même
laps de temps, il était rare que ce qu'elle faisait
laissât quelque chose à désirer. Si le temps et son
emploi sagement dirigés sont la seule richesse de
ceux qui n'en ont pas, on peut dire que l'activité
en est le plus puissant auxiliaire.

LA STATICE MARITIME

Cette fleur, qui prend naissance au bord de la mer, a été choisie comme *emblème de la sympathie*, parce que, sans doute, la mer est sympathique à tous ceux qui habitent ses rives, comme elle l'est encore à certaines natures aventureuses qui aiment à livrer à l'inconstance de ses flots leur fortune et leur vie.

La sympathie est une qualité difficile à décrire parce que, semblable à l'air, elle est insaisissable. Comment, en effet, définir cette attraction invisible qui agit en nous, même à notre insu, et qui nous porte instinctivement à nous approcher ou à nous unir avec ceux vers lesquels nous nous sentons attirés presque malgré nous ? Elle est, dit-on, *le lien des âmes*. Cela se comprend facilement, puisqu'il résulte de notre union plus ou moins intime une conformité de mœurs, de goûts et de caractères. Aussi est-elle indispensable si nous voulons former des affections durables. Sans elle, point de bons ménages, pas de confraternité entre les enfants, pas de lien de filiation entre le père et le fils, comme pas d'union entre les membres d'une famille ; en un mot, sans sympathie pour ceux avec lesquels nous vivons, il n'y a ni joie ni bonheur possibles.

Tâchons donc, dans notre intérêt commun, de nous rendre sympathiques les uns envers les autres ; et pour qu'il en soit ainsi, soyons d'abord sympathiques en matière de foi, le reste arrivera de soi-même. Adorons le même Dieu, servons-le en union de cœur, d'esprit et de pensée ; notre mutuelle sympathie grandira d'autant plus vite qu'il sera plus aimé, mieux servi, et que nos cœurs, notre esprit et nos pensées se concentreront davantage en lui. Si la sympathie est le lien des âmes, l'amour de Dieu est l'aliment qui les relie et qui cimente toutes les affections légitimes.

L'ACANTHE

L'acanthe est l'*emblème des arts*. Bel emblème que celui qui nous représente ce qu'enfantent le génie et le talent. Combien, sous ce rapport comme sous beaucoup d'autres, notre pauvre dix-neuvième siècle, tombé en discrédit, a-t-il peu lieu d'être fier de ces productions artistiques qui sont l'œuvre du vrai progrès et font la gloire d'une nation! Aussi sommes-nous souvent obligés de recourir aux grands maîtres de l'antiquité pour en copier les chefs-d'œuvre ou nous inspirer de leurs pensées.

Les arts ont cela d'exceptionnel, c'est de nous créer une position indépendante. L'artiste ne relève que de lui-même ; et si, à l'aide de son talent, il parvient à se faire une renommée, sa place est marquée dans les musées les plus remarquables, dans les expositions les plus grandioses, comme à la table des rois. Plus d'un souverain ne s'est-il pas plu à l'y admettre afin d'honorer les arts dans sa personne?

On reproche à l'artiste de n'être pas assez soucieux de ses intérêts pécuniaires et de ne pas assez penser à se créer, à l'aide de son talent, des ressources pour ses vieux jours. Quelque fondé que, dans certains cas, puisse être ce reproche, il n'en est pas moins son plus beau côté, attendu que, pour l'artiste épris de son art, les idées mercantiles qui se rattachent aux intérêts de la terre lui sont antipathiques, de même que le vrai génie se complaît et s'absorbe dans ses œuvres. Ces filons d'or qui tiennent le plus grand nombre d'entre nous dans un terre à terre regrettable, ne trouvent pas accès dans l'âme ni dans le cœur de celui qui élève l'une et concentre l'autre sur un bel idéal à l'aide duquel il enfante des prodiges. J'en donnerais pour exemple les artistes les plus célèbres des temps anciens et modernes, parmi lesquel l'écrivain et le poëte n'ont jamais rencontré le type odieux d'un Harpagon, d'un Grandet et de tant *d'autres avares* dont ils se sont plu à nous donner les portraits. *Non*, l'avare ne mérite pas sa place d'honneur là où le génie et le talent ont acquis la leur. Que ne peut-il subir le sort de Midas, moins les oreilles, si l'on veut, afin que sa soif *insatiable de l'or* trouve le châtiment mérité de son *exécrable vice.*

LA GRENADILLE BLEUE

La grenadille bleue est le *symbole de la foi chrétienne*. On la nomme aussi *fleur de la passion*, parce qu'elle contient dans son ensemble tous les instruments qui servirent au crucifiement du Christ : couronne d'épines, lance, clous et fouet ; et à ce titre elle est chère aux âmes chrétiennes ; leur vue aime à contempler avec vénération les instruments du supplice auquel elles doivent leur rachat. C'est dans cette pieuse contemplation qu'elles puisent le plus beau et le plus noble des courages, celui de la souffrance. La souffrance physique et morale n'est-elle pas le lot de la pauvre humanité ? N'est-elle pas inhérente à chaque existence, quelle que soit la position qu'on occupe en ce monde ? Il faut donc, dès le jeune âge, nous habituer à l'idée de souffrir, puisque la souffrance est notre tribut à la vie et l'expiation de nos fautes, et que, plus il est largement payé, plus la récompense nous paraîtra douce ; j'ajouterai même, moins elle devra se faire attendre. Notre âme purifiée de ses souillures par la souffrance, mais surtout par le repentir, prendra son essor vers ce beau ciel où la miséricorde de Dieu lui réserve une place marquée suivant le degré de son mérite ; le Christ n'a-t-il pas dit que « dans le royaume de son Père toutes les places ne seront pas égales »? A ce titre, elle devra être belle celle réservée aux déshérités des biens de la terre comme à ceux qui auront le plus souffert et gémi dans cette vallée de larmes !

Le Créateur a su trouver dans son cœur paternel un moyen à l'aide duquel ceux de ses enfants qui y auraient perdu leur droit pussent rentrer en grâce avec lui ; ce moyen, *infaillible toujours, c'est le repentir !* Sa miséricorde l'accueille avec joie ; il laisse échapper le doux *nom de pardon* envers ses trop coupables enfants lorsqu'il le sait vif et sincère ; c'est l'arme qu'il nous donne pour forcer la main à sa miséricorde, toujours disposée à déborder en faveur de ceux qui l'implorent.

En effet, quoi de plus grand et de plus noble que le repentir ? Les saints les plus illustres n'y ont-ils pas eu recours? Une Marie-Madeleine n'a-t-elle pas trouvé grâce devant le Seigneur? N'a-t-elle pas recouvré cette sérénité d'une âme purifiée de ses souillures par un repentir dépassant l'énormité de ses fautes? Mais pour qu'il en ait été ainsi, il a fallu qu'elle se ressouvînt de ses chutes, qu'elle en restât humble devant Dieu comme devant les hommes; car le *repentir orgueilleux n'est pas le vrai.* C'est cependant ce que nous voyons tous les jours. Après la réhabilitation, les êtres déchus osent lever la tête, oubliant que, s'il est méritoire de se repentir, il est mille fois *plus beau et plus méritoire encore de ne pas s'être mis dans le cas d'y avoir recours;* car, si nous sommes édifiés du repentir de Marie-Madeleine, c'est animés d'un *profond respect* que nous inclinons nos fronts devant la *chasteté de Suzanne, hommage exclusif dû à la vertu sans tache.*

Ce sentiment de respect, le plus beau comme le plus sincère des repentirs ne saurait l'inspirer, attendu que, pour les femmes surtout, *la souillure est une tache indélébile!* La preuve, c'est que le Christ, tout Dieu qu'il était, ne put que pardonner à Marie-Madeleine, mais non lui *rendre sa pureté et sa virginité primitives.*

LE RÉSÉDA

Petite fleur du pauvre, tu as droit à nos sympathies parce que tes qualités dépassent tes charmes;
tu es l'*emblème du mérite modeste*; ton doux
parfum ne cause aucun enivrement; tu dures plus
longtemps qu'aucune autre fleur; tu es l'amie du
pauvre qui t'acquiert à peu de frais; tu es l'ornement de sa mansarde; l'ouvrier te place sur le
bord de sa fenêtre dont il se fait un jardin sus-
pendu; ta vue le réjouit en même temps qu'elle
adoucit l'âpreté de son travail; tu possèdes encore
l'heureux don d'endormir les douleurs et les chagrins inhérents à sa position précaire.

LE LIERRE

Le lierre, *symbole de l'amitié*, nous fait comprendre ce que ce sentiment a de force et de durée,

n'étant pas comme tant d'autres soumis à l'exaltation ni au caprice. Il prend racine au pied du vieux
mur ou à celui de l'arbre qui l'a vu naître; il y croît,
et en se développant il l'entoure de ses feuilles
comme pour lui en faire un rempart; il l'abrite
contre l'intempérie des saisons et contre la voracité
de ces insectes parasites qui ne vivent qu'aux
dépens d'autrui. Voilà pourquoi le lierre, dans son
langage muet, exprime cet axiome : « Je meurs ou
je m'attache ! »

LE NARCISSE

Malgré que le narcisse offre peu d'attraits par
son *emblème d'égoïsme et d'amour-propre*, il n'en
est pas moins une jolie fleur par la blancheur de
ses pétales, par le vif incarnat de sa corolle et par
son doux parfum. Cette fleur personnifie la passion
du moi, dont le dix-neuvième siècle a fait la *passion
régnante*; car c'est avec orgueil que chacun se
complaît et se drape dans l'amour *désordonné de
soi-même*. L'orgueil ou l'amour-propre, qui en
dérive, est le défaut le plus redoutable de tous;
d'abord parce qu'il est *inné* en nous, ensuite
parce que, s'il nous fait peu d'amis, en revanche il

nous fait beaucoup d'ennemis. Cela se comprend, parce qu'issus du même père qui est notre créateur, nous sommes des descendants du même homme créé par lui. Aucun de nous n'a donc le droit de se regarder comme supérieur aux autres, quels que soient d'ailleurs les avantages qu'il ait reçus de la nature, du rang ou de la fortune. L'égoïsme est un défaut d'un autre genre : il exclut tout sentiment généreux. Celui qui en est entaché, concentrant toutes ses affections sur lui-même, a l'âme sans expansion, le cœur *de glace*; il est incapable d'une affection vraie sanctionnée par le dévouement; il ne lui reste plus aucune fibre à émouvoir en face du malheur, ni un sentiment affectueux pour sa famille et pour ses amis. En un mot, l'égoïste ne vit *qu'en lui* et que *pour lui*, et en *dehors de lui le monde n'existe pas*. Semblable au héros de la fable, qui mourut pour s'être trop complu dans l'admiration de sa personne, celui-ci s'éteint sans laisser un souvenir agréable de son passage sur cette terre et sans qu'aucun regret ni une larme l'accompagne au champ du repos.

LE COQUELICOT

Charmante fleur, tu es l'*emblème de la délicatesse* par la diaphanéité de tes pétales ; ta jolie couleur pourpre t'a rendue digne de faire escorte au blé, ce roi des plantes, dont la fleur mignonne passerait inaperçue si tu n'étais là pour lui donner l'éclat qui lui manque ; tu fais à cette royauté des champs une cour brillante, et lorsqu'elle nous promet une riche moisson, tu nous en donnes la douce perspective. Le prestige du regard est nécessaire pour impressionner nos sens, et cela à un tel point que rien ne nous paraît grand ni majestueux là où la vue ne peut être satisfaite. Voilà pourquoi les cérémonies de notre culte produisent un effet magique sur notre imagination, et que ceux même qui en ignorent l'origine et les mystérieux symboles qu'elles représentent, ne peuvent s'empêcher d'en être impressionnés et de les contempler avec admiration.

LE BLUET

Par ta couleur bleu foncé, charmant bluet, tu nous offres l'*emblème des amitiés durables*. C'est sans doute par la sympathie qui règne entre toi et le coquelicot, puisque à tous deux votre rôle est d'égayer et d'embellir notre champ de blé. Comme tu courbes ta jolie tête avec grâce aux ondulations du vent! semblable aux vagues de la mer, tu te prêtes aux caprices du fougueux Borée; tu empruntes un nouvel éclat à la tige verdoyante du blé, auquel appartient *la royauté suprême*, car si les rois de la terre gouvernent les hommes, c'est lui, *roi des guérets, qui les nourrit*. Leurs trônes, faits de mains d'hommes, ne sont point à l'abri des révolutions qui les renversent; le sien est immuable, attendu que sa royauté ne relève que de la nature, qui elle-même ne relève que de Dieu.

LE MUGUET

Fleur de mai, tu as été choisie pour *symbole de l'enjouement et de la gaieté* qu'inspire à chacun de nous le retour de ce mois privilégié. Ta couleur blanche, emblème de pureté, t'a rendue digne d'orner le temple de Marie immaculée. Ta forme mignonne et gracieuse exprime la sérénité des âmes pures chez lesquelles on est toujours certain de trouver une aménité bienveillante, apanage des personnes sincèrement pieuses ; la preuve, c'est que les *vrais dévots* sont toujours gais et enjoués. On le comprend aisément, la pureté de leur vie se reflète sur leurs physionomies ; ils jouissent d'une douce quiétude qui s'épanouit par un gracieux sourire ; ils savent que le meilleur moyen pour faire de la religion ou de la morale, c'est de ne pas avoir l'air d'en faire ; par ce moyen on attire à soi, pour en faire des prosélytes, ceux qu'un langage austère en éloignerait. Il faut, pour les rendre attractives, savoir les orner et les parer par un langage simple dans la forme quoique élevé par les pensées, afin que sa gracieuse éloquence, semblable à l'aimant, attire vers elles les âmes et les cœurs.

Il n'y a guère que les mauvais dévots, c'est-à-dire ceux qui, comprenant mal la religion, la traduisent plus mal encore dans leur vie, ou les hypocrites, qui s'en servent à titre de piédestal pour atteindre un but quelconque ou bien encore pour s'en couvrir comme d'un manteau pour cacher leurs turpitudes. Ces derniers sont généralement d'une humeur sombre et d'un caractère atrabilaire ; ils se reconnaissent par la guerre acharnée qu'ils font à ceux qui ne pensent pas comme eux, et s'ils sont vieux, ils la font à tout ce qui est jeune, oubliant qu'ils l'ont été eux-mêmes ; ils ne persuadent personne ; au contraire, ils irritent et éloignent de la religion ceux auxquels ils s'adressent. Comment pourraient-ils l'aimer à la manière dont ils la pratiquent? Si on veut ramener à elle ceux qui l'ignorent ou qui ne comprennent pas la sublimité de sa morale ainsi que le bonheur qui en découle, mieux vaut, ce me semble, faire miroiter à leurs yeux le prisme radieux des vertus qu'elle inspire ; car faire aimer la religion, n'est-ce pas en rendre la pratique facile et douce? savoir persuader à ceux qui nous écoutent que le bonheur individuel se rattache à la pratique de cette religion toute d'amour et de dévouement, n'est-ce pas ramener à elle ceux qui s'en éloignent ou s'en sont déjà éloignés? Poser une semblable question, n'est-ce pas la résoudre, à moins d'un parti pris de ne pas se rendre?

L'IMMORTELLE

Fleur des tombeaux, *symbole de douleurs et de regrets*, tu es l'ornement funèbre dont nous aimons à les parer ; ta longue durée nous donne un aperçu de l'éternité : c'est pour cela que nous t'avons choisie entre toutes, parce qu'à l'instant où la mort nous sépare de ceux que nous aimons, il nous semble que nos regrets sont éternels. Et cependant il est rare qu'il en soit ainsi ; car si rien n'est plus affreux que la mort, rien n'est plus vite oublié qu'elle, à peu d'exceptions près. Et d'ailleurs, pourquoi nous en plaindre ? N'est-il pas prouvé que c'est Dieu lui-même qui l'a voulu ainsi, attendu que si la pensée de la mort est utile au chrétien pour lui apprendre à bien vivre, elle doit être rapide comme l'éclair, puisqu'il est démontré que cette pensée permanente ou seulement prolongée éteint chez l'homme les sources de la vie ; mieux vaut prier pour ceux qui ne sont plus, puisque les prières sont les seules larmes utiles.

L'IRIS

Cette fleur est le *symbole de l'espérance*, dont les Juifs firent un signe éclatant de la réconciliation de Dieu avec les hommes. Lorsque, entre deux nuages, elle apparut à Noé pour lui annoncer l'apaisement des flots, sa joie alors fut indescriptible. Il en est de même aujourd'hui, puisque c'est avec un plaisir toujours nouveau que nous la voyons déployer, dans un cercle gracieusement cintré, ses brillantes couleurs qui ressemblent à une oriflamme suspendue à la voûte des cieux. Nous la voyons avec d'autant plus de plaisir qu'elle est pour nous l'avant-coureur du beau temps; notre joie s'augmente encore par la pensée qu'elle est pour nous le symbole d'une céleste espérance!

LA BRUYÈRE

La bruyère nous invite à la solitude dont *elle est l'emblème*. Quoi de plus doux, en effet, que la solitude? Où peut-on trouver le charme qu'elle offre au penseur? Pendant l'absence d'une personne aimée, où peut-on mieux penser à elle que dans la solitude, avec cette légère teinte de tristesse à l'idée des dangers qui peuvent l'atteindre? Où la jouvencelle peut-elle faire ses rêves de bonheur ailleurs que dans la solitude? Où peut-on répandre dans le sein de Dieu des larmes secrètes qui doivent être ignorées de tous, si ce n'est dans un lieu retiré qui nous dérobe à tous les regards? et où enfin le chrétien peut-il mieux comprendre Dieu, l'adorer et le servir en *esprit et en vérité*, si ce n'est à l'abri du tumulte du monde, des embarras et des préoccupations incessantes d'un entourage quel qu'il soit? Les hommes de génie ont toujours eu une prédilection marquée pour la solitude ; les âmes aimantes en font leurs chères délices ; ceux dont les déceptions d'un monde trompeur ont détruit les plus chères illusions viennent retremper leur force et leur courage dans la solitude ; les amants se complaisent à venir y nourrir leurs pensées d'amour sans crainte d'être arrachés à leur douce rêverie ; en un mot, le goût de la solitude révèle généralement une nature d'élite, douée des plus nobles aspirations vers le ciel et comme prédisposée à pratiquer la vertu sur la terre.

Cette vie n'étant que le sentier qui doit nous conduire à la vie réelle, nous ne devons pas oublier que tout ce qui sera trouvé *juste et bien* aux

yeux de la religion et de la morale en ce monde,
sera trouvé *juste et bien* dans l'autre, attendu que
le livre où seront inscrites les actions des hommes
pendant leur passage sur cette terre, sera la
préface du grand livre de l'éternité. Soyons donc
bien convaincus que tout ce que nous faisons en
vue de plaire à Dieu, sous quelque forme que ce
puisse être, doit infailliblement plaire à Dieu, qui,
avant tout, tient compte de l'intention. Si notre
raison, éclairée par notre foi, nous inspire la pensée
du sacrifice en nous offrant à titre d'holocauste
pour apaiser sa justice irritée contre les pervers et
les impies, nul doute qu'il lui sera agréable : de là
l'origine et *la raison d'être* de ces pieux monastères où ceux qui les habitent passent leur vie dans
la prière. Il résulte de cette communauté de culte
cette douce fraternité qui fait que la prière des
uns attire la clémence et la miséricorde de Dieu
sur les autres; là on prie pour ceux, malheureusement en trop grand nombre, qui négligent ou
qui oublient de prier. C'est la réponse à faire à
ceux qui prétendent que la vie contemplative est
stérile pour le bien de tous, et qu'elle n'est que le
résultat d'une exaltation religieuse ou d'un fana-
tisme ignorant. Là aussi règne la solitude pour
ces êtres privilégiés qui ne *s'ennuient jamais seuls.*
Il n'y a que les êtres *nuls*, les *sots* et les *paresseux*
qui soient privés de l'heureux don de savoir se
suffire à eux-mêmes. N'est-il pas dit d'ailleurs

« qu'on n'est jamais seul lorsqu'on est avec Dieu
par la pensée et avec soi-même par le cœur et par
le souvenir »?

L'ANÉMONE DES PRÉS

L'anémone des prés, *symbole de la maladie*,
cette mortelle ennemie du genre humain qui
nous rend la vie si amère que devenir malade
c'est le fléau qu'il redoute le plus. Cependant
combien n'y en a-t-il pas parmi ses victimes qui
ont à se reprocher de l'avoir fait naître, de l'a-
voir développée et parfois de l'avoir rendue mortelle par une manière de vivre opposée au but de
la nature (dont ce n'est jamais en vain qu'on
transgresse les lois immuables)! Combien de jours
languissants et de morts prématurées en ont été la
conséquence fatale!

La santé étant reconnue le premier des biens matériels, que ne devons-nous pas faire pour l'acquérir ou la conserver aussi bonne que possible, suivant notre nature et notre constitution physique et
morale? Pour cela, évitons les excès en tous genres,
surtout ceux capables d'*abréger la vie*. Tenons notre

imagination dans un calme aussi complet que possible, à l'abri de l'exaltation et du ravage des passions qui généralement en sont la suite. Il est reconnu qu'elles usent beaucoup plus nos organes que l'excès du travail, lorsque cependant il n'est pas poussé au delà des limites de nos forces. L'excès du travail nous est moins préjudiciable que tous les autres quand c'est la nécessité qui nous y contraint. Par ce fait même, il nous en met à l'abri par l'économie que nous sommes obligés de mettre dans nos dépenses, dans nos goûts et dans nos habitudes. Un des grands inconvénients de la fortune, c'est de nous mettre à même de satisfaire tous nos caprices, nos goûts déraisonnables comme nos passions. L'homme, au contraire, qui est forcé de travailler pour vivre, n'ayant pas de temps à perdre, ne connaît pas l'oisiveté. Il est préservé de tous les maux et de tous les vices qu'elle enfante; et s'il est sage, loin de se trouver à plaindre dans sa position modeste, il bénira Dieu de l'avoir mis à même de pouvoir jouir en paix de sa *douce obscurité* et de son paisible *petit coin...*

LE COUDRIER

Quel admirable don que celui de la *réconciliation* dont le coudrier est l'*emblème*. Heureux ceux qui le possèdent, s'ils savent à propos et avec tact amener les personnes brouillées à se raccommoder en oubliant leurs torts respectifs ! Aussi la religion nous fait-elle un devoir de nous réconcilier même avec nos ennemis, parce qu'elle sait les maux sans nombre qu'engendrent les haines et les animosités qui divisent les hommes. Toujours sa salutaire influence les rapproche en leur inspirant cet esprit de douceur dont la paix est la conséquence. *Soyons chrétiens avant tout*, les discussions, fruit de la discorde, disparaîtront d'elles-mêmes. Chacun sentant le besoin de se réconcilier, apportera sa part de sacrifices et de concessions ; à cette condition *seule*, le triomphe de la concorde est assuré.

LE CYPRÈS

Cet arbuste *est l'emblème du deuil*; sa présence au bord d'une tombe nous rappelle que là gît l'enveloppe d'une créature formée par les mains de Dieu, dont l'âme créée à son image s'est envolée vers lui, et que peut-être, ayant encore des dettes à payer à sa justice, elle est anxieuse dans les tourments de l'attente de s'acquitter envers lui. Alors elle réclame de nous non-seulement un soupir et une larme de regret, mais bien plutôt encore l'efficacité de nos prières.

Prions donc de tout notre cœur et dans la plénitude de notre âme pour ces chers défunts ravis à notre tendresse, puisque c'est le seul moyen qui nous reste pour communiquer encore avec eux, et le seul aussi par lequel nous pouvons leur prouver notre affection et notre dévouement par l'obtention de leur délivrance. *Le culte des morts* a cela d'admirable, c'est qu'il honore autant ceux qui le professent qu'il honore la mémoire de ceux qui ne sont plus!

LA GARANCE

Loin que cette fleur nous représente un *emblème* agréable, celui qu'elle nous offre a quelque chose de repoussant. En effet, qu'y a-t-il de plus affreux que la *calomnie*? N'est-elle pas le poison du cœur par lequel nous cherchons à nuire à nos semblables, à nos frères en Jésus-Christ? Pour atteindre ce coupable but, que de propos calomnieux, que de paroles prononcées dans l'intention de dénaturer les fautes et les actes d'autrui! Chacune des paroles du calomniateur devient un mensonge, ne fût-ce même que celui de l'*exagération*, qui, pour être reconnu celui des *honnêtes gens*, n'en est pas moins condamnable, puisque par ce fait il altère la vérité ou la voile à l'aide de ce moyen :

Le meilleur moyen pour nous mettre en garde contre ce *monstrueux défaut*, c'est de ne jamais s'adonner à la *médisance*, parce que, insensiblement, si l'envie et la jalousie s'en mêlent, il nous sera bien difficile de ne pas ajouter quelque chose de plus grave que ce qui existe réellement. Qu'elles sont heureuses ces âmes privilégiées dont le cœur chrétien a pris l'heureuse habitude de ne jamais médire de personne! Pour ne point s'y trouver entraîné, le moyen le plus sûr n'est-il pas de ne jamais s'occuper des affaires des autres et de se contenter de régler les siennes le mieux possible? Laissons donc chacun agir à son gré, sans nous en préoccuper autrement que pour rendre justice aux vertus et au vrai mérite lorsque l'occasion se présente de le faire.

Ce sont surtout les petites localités, ainsi que les villes peu importantes de la province, qui nous offrent le triste spectacle d'une rivalité et d'une jalousie sans exemple. Aussi le séjour en est-il désagréable aux habitants de la capitale, qui se vengent en se moquant à cœur joie de ces pauvres provinciaux dont la prétention et les manières ridicules sont devenues proverbiales. En examinant à froid, sans prévention, les travers d'esprit qui dominent en province, on reconnaîtra que ce sont moins les défauts naturels des provinciaux que le manque de sujets d'entretiens qui les rend si avides de savoir ce qui se passe chez leurs voisins et d'en faire si souvent une amère critique. L'horizon borné de leurs relations fait que leur imagination, tournant toujours dans le même cercle d'idées, ne trouve aucun sujet qui la fixe sur ces mille riens qui défrayent la conversation dans les grandes villes, où à chaque instant surgissent des incidents, des nouvelles en tous genres qui l'alimentent; puis aussi, comme on rencontre toujours des gens qui vous surpassent sur un point ou sur un autre, on se trouve placé dans un milieu qui n'autorise pas *cet air* de *pose* qu'on prend en province vis-à-vis de ceux qu'on croit inférieurs à soi.

Il ne s'ensuit pas de ce qui précède qu'on doive voir indistinctement tout le monde du même œil; loin de là : il faut au contraire sonder les sentiments religieux, les mœurs et le caractère de ceux avec qui on veut entrer en relation afin de ne pas être exposé à faire un mauvais choix. Mais la charité chrétienne et notre propre intérêt nous font un devoir de garder pour *nous seuls* le résultat de notre appréciation, si elle était défavorable à ceux qui en auront été l'objet. Le meilleur moyen, d'ailleurs, de nous assurer la bienveillance de tout le monde n'est-il pas d'user d'une extrême indulgence pour les défauts, les travers d'esprit et les ridicules du prochain? Par cette manière d'agir, nous les amènerons à en user de même envers nous, qui avons d'autant plus besoin d'indulgence que nous croyons en être le plus dispensés.

LE LILAS BLANC

Quel charmant *emblême* que celui que nous offre cette fleur, celui *de la jeunesse!* Est-il rien de plus attrayant que les charmes et agréments dont la jeunesse est parée à cet heureux âge de la vie où tout semble nous sourire et nous convier à en savourer les délices? Qu'elle nous apparaît belle et radieuse dans l'adolescence, avec tout le prestige qu'enfante notre imagination qui se plaît à l'embellir au gré de ses caprices! Combien nous nous sentons heureux de vivre lorsque la santé, qui au jeune âge laisse ordinairement peu à désirer, vient encore faire épanouir les lis et les roses sur de frais et gracieux visages! Les peines et les chagrins de la vie n'y ont pas encore creusé leurs sillons par des rides qui en altèrent la délicieuse harmonie. Pourquoi faut-il que peu d'années fassent disparaître cette jeunesse tant regrettée pour ne nous laisser, à la place de nos rêves dorés, que la triste réalité qui assombrit notre vie en nous la montrant sous son véritable aspect, ce qui vient détruire une à une nos plus chères illusions?

Pour que le regret que nous éprouvons à vieillir (regret presque inné en nous puisqu'il est naturel) ne nous paraisse pas trop amer, il suffit d'envisager la vieillesse au point de vue chrétien ; nous comprendrons alors la pensée du Créateur, qui a voulu nous amener insensiblement à l'idée de perdre chaque jour quelques-uns des charmes et agréments dont sa bonté paternelle veut bien nous parer, afin que leur abandon graduel nous détache peu à peu de nous-mêmes ainsi que de cette terre qu'il nous faudra quitter bientôt. Remercions-le donc de ce bienfait au lieu d'en murmurer, car la mort nous paraîtrait plus effrayante encore s'il fallait quitter la vie avec le prestige des jouissances qu'elle nous offre à son début.

Inclinons-nous devant la sagesse suprême de Dieu qui en toutes choses a ses fins. Ne cherchons point à comprendre en *deçà* du tombeau ce qui ne nous sera révélé qu'au *delà*. Mettons tous nos soins à bien vivre, afin que si nous atteignons un âge avancé avec les inconvénients et les infirmités qui s'y rattachent, nous puissions, en jetant un regard rétrospectif sur le passé, conserver la sérénité d'une vieillesse sinon exempte de reproches, au moins sans amer repentir ni remords. Heureux, mille fois heureux ceux dont la jeunesse n'a pas empoisonné les derniers jours dont une vieillesse anticipée est la conséquence logique ; l'impiété et l'*immoralité*, *qui est son corollaire*, n'auraient pas posé leur honteux stigmate sur leurs visages non flétris par le contact du vice ou par de coupables entraînements. *Seul* le chrétien peut envisager la mort de sang-froid puisqu'elle ne devra être envisagée par lui que comme le soir d'un beau jour et la récompense d'une belle vie !

LA PYRAMIDALE BLEUE

Quoi de plus ravissant aux regards que cette charmante plante dominant sa longue tige par une gerbe de fleurs d'un bleu azuré ? Elle a été choisie pour l'*emblème de la foi*, cette vertu dont tant d'autres découlent et qui nous complète en nous donnant une seconde vie. Malheureusement elle devient de plus en plus rare de nos jours, dans un certain monde qui s'en joue et s'en moque quand il ne va pas jusqu'à insulter ceux qui ont le bonheur d'en faire l'aliment de leur vie.

Pour les enthousiastes des idées modernes, rien ne prévaut au-dessus de ces dernières, rien de sé-rieux dans ces esprits légers et superficiels qui, n'al-lant jamais au fond des choses, ne voient le lac qu'à sa superficie. Ils ne sondent jamais la profon-

deur de leurs consciences, dans lesquelles même
ils évitent de descendre, craignant d'y trouver la
réprobation de leurs actes ; elle est tellement élas-
tique ou endolorie qu'elle reste muette devant toute
interrogation.

Dans ces cœurs endurcis, privés des lumières
de la foi, règne un égoïsme effréné joint à un amour
désordonné de soi-même. De là tant de déceptions
pour les âmes aimantes et pour les cœurs dévoués ;
de là encore cette absence de patriotisme qui fait
la gloire des nations, et de là enfin tous les maux
suspendus au-dessus de nos têtes comme l'épée de
Damoclès ! Ne craignons-nous pas que, comme châtiment mérité de nos crimes, de nos blasphèmes et
de toutes nos turpitudes, nous ne soyons à la veille
de voir le doigt de Dieu tracer pour nous sur la
muraille la terrible sentence du « *mané, thécel,
pharès* » de Balthasar !

L'IF

La forme pyramidale de cet arbuste l'a fait choisir pour l'*emblème de la tristesse*. C'est sans doute
parce que son sommet se trouvant très-élevé, et

par conséquent très-distancé de sa souche, il se trouve plus rapproché du ciel que de la terre. Il ne peut y jeter qu'un coup d'œil de tristesse lorsqu'il la compare à cette voûte azurée derrière laquelle Dieu, qui les a créés, voile à nos regards sa majesté divine dont ils ne pourraient soutenir l'éclat.

En effet, il y a de quoi être attristé lorsqu'on regarde ce qui se passe sur cette terre si aride à l'endroit de nos joies et si féconde à l'endroit de nos peines. Je dirai plus : l'effroi gagne le cœur de ceux même qui passent pour optimistes, lorsqu'ils voient que ceux qui l'habitent, oubliant leur noble origine et leur destinée future, aiment à se repaître de jouissances purement matérielles aux dépens de celles que leur procureraient des goûts d'un ordre plus élevé. Ils prennent leur source dans ce bel idéal de la vie dont la réalité se trouve même en ce monde, quoi qu'en disent les sceptiques et les impies. Oui, elle existe ici-bas, cette douce réalité, pour ceux qui, croyant en Dieu ainsi qu'aux vertus que cette croyance inspire, se font un devoir de les pratiquer, d'acquérir cette douce quiétude de l'âme qui est un *avant-goût des joies du ciel;* par la pensée, Dieu fait miroiter à leurs yeux ravis les splendeurs éternelles, heureux partage de ceux qui auront *cru* sans avoir *vu!*

L'ARGENTINE

Cette fleur est l'*emblème de la naïveté*, aimable qualité du jeune âge qui nous cache au début de la vie ce qu'elle devra nous apprendre plus tard. On ne saurait trop admirer la naïveté de l'enfance et combien elle offre au physiologiste des indices certains sur les qualités et les défauts qui se développeront avec le temps.

C'est bien à tort que l'on désigne la *naïveté* lorsqu'on veut exprimer la *bêtise*, et que la qualité et le défaut se trouvent ainsi confondus, attendu qu'une personne naïve exprime franchement et sans détour ce qu'elle pense ou ce qu'elle croit, tandis que *le sot* dit souvent avec emphase et avec prétention les plus grandes stupidités, dont il s'applaudit même, étant incapable de s'apercevoir de l'esprit qui lui manque. Laissons donc aux enfants ce naturel aimable le plus longtemps possible ; c'est le plus sûr moyen de les prémunir contre la dissimulation qui ternit en eux, avec la limpidité du regard, l'innocence de la pensée. Car, hélas ! ce ne sera toujours que trop tôt qu'ils apprendront l'art

de dissimuler et de feindre qui en fera des êtres
faux et hypocrites, présentant en apparence les
vertus dont ils auront dans le cœur les vices
opposés.

L'ANGÉLIQUE

Le nom de cette fleur semble indiquer *son emblème, l'inspiration*. L'inspiration ! D'où nous vient
cette pensée qui, rapide comme l'éclair, se présente
à notre imagination ? En la percevant, elle la fait
éclore sur nos lèvres ou traduire sur le papier. Elle
nous vient, à n'en pas douter, du Créateur, qui sut
si admirablement coordonner dans leurs diverses
fonctions les organes si délicats et si multiples qui
sont le siége de l'intelligence. La compréhension
en est même impossible tant est grande la délicatesse de ces imperceptibles fibres qui font mouvoir
cet ensemble prodigieux d'où émanent les plus
nobles qualités de l'âme, du cœur, de l'esprit et de
la pensée.

Si tant de merveilles qui nous environnent de
toutes parts dans les deux sphères ne suffisaient
pas pour attester la puissance de Dieu, l'inspiration seule nous la ferait comprendre ; car qui est-ce

qui peut dire ce qu'est une inspiration bonne ou mauvaise? Qui a pu saisir au passage cette nuance qui distingue l'une de l'autre? Comment définir cette impression soudaine et spontanée dont l'acte qui la suit est la conséquence heureuse ou malheureuse?

A cette triple question le génie reste *muet*, la science *s'incline*, mais le chrétien y voit le pouvoir de ce Dieu auquel l'orgueil de l'homme cherche, quoique en vain, à poser des limites lorsqu'il se refuse à croire en lui et partant à l'adorer et le servir comme il mérite de l'être. Il est vrai, cependant, qu'il veut bien admettre la toute-puissance de Dieu comme fait *irrécusable* dans la création; mais il prétend se reconnaître le droit de la lui contester dans l'ordre surnaturel d'où dérivent les mystères et les dogmes contenus dans sa loi sainte. Quelle anomalie! quel non-sens! en un mot, quelle aberration d'esprit d'admettre le pouvoir divin dans certains cas et de le nier dans d'autres, comme si ce pouvoir était divisible de main d'homme! Arrière donc, sceptiques insensés, *pygmées* qui voulez vous faire géants; vous nous *faites pitié!* car en vérité vous n'êtes pas dignes de posséder cette âme dont ce Dieu, dont vous osez nier l'existence et le pouvoir, a voulu vous doter pour une autre fin que celle que votre *odieuse impiété lui prépare!*

Les bonnes inspirations nous viennent d'en haut, à n'en pas douter, comme les mauvaises nous viennent de Satan. Ni les unes ni les autres ne dépendent de notre volonté à l'instant où elles se produisent ; mais il dépend d'elle de les tirer de l'une ou de l'autre source. Inspirons-nous de la pensée de Dieu pour en être inspirés nous-mêmes, et rejetons les suggestions de Satan afin qu'il n'ait jamais d'empire sur nous, ne fût-ce qu'en *pensée seulement* ; car d'une mauvaise pensée à une coupable action il n'y a *qu'un pas*, et le *sentier est glissant !*...

L'homme de bien et la femme vertueuse trouvent à leur réveil l'inspiration pure et suave comme une échappée du ciel. L'enfant la trouve sur ses lèvres lorsque de sa voix argentine il appelle sa mère pour lui donner avec son premier sourire le baiser matinal. La jeune fille la trouve à son chevet lorsque, après avoir offert à Dieu les prémices de son jeune cœur par sa première pensée, elle s'inspire de ses divins préceptes pour régler l'emploi de sa journée. L'épouse chaste et pudique la trouve en entourant de ses soins et de son dévouement l'homme auquel elle doit l'indicible bonheur d'être mère, dont elle trouve les traits reproduits sur le gracieux visage de son enfant. C'est alors que, dans son extase, elle savoure avec délices les joies inénarrables de la maternité ! Le vieillard la trouve souriante à la tombe, parce qu'elle lui fait comprendre que là n'est pas le terme de sa longue vie. Alors il l'envisage avec le calme du nautonnier qui, après une longue et périlleuse na-

vigation, aborde au rivage dont la mort est le port
assuré ; puis c'est avec joie que touchant au
sommet de cette montagne aride qu'on appelle la
vie, il regarde en arrière pour se convaincre que
tout ce qu'il en a *monté* n'est plus à *gravir*; et le
chrétien la puise dans le contemplation de son
Dieu fait homme et mort sur la croix pour lui rouvrir
l'entrée du ciel !

C'est avec un respect mêlé d'admiration que le
catholique s'incline devant le gibet d'un *Juif cru-
cifié* qui n'est pas *qu'un Juif*, comme vient de le
démontrer si savamment Mgr Gaume dans son
remarquable livre ayant pour titre *le Credo*, dans
lequel il prouve d'une *manière irréfutable* qu'il
est impossible d'admettre que si le *Christ* n'eût
été *qu'un homme*, fût-il même le plus supérieur
de tous, jamais depuis dix-huit siècles on n'eût
vu des millions d'hommes l'adorer comme leur Dieu
et leur rédempteur. Dailleurs, est-il permis d'en
douter lorsqu'il est prouvé que c'est sans autre
appui que lui-même, avec l'aide de douze pauvres
pêcheurs, que s'est implantée sa doctrine d'un pôle
à l'autre, de l'orient à l'occident et jusqu'au delà
des mers, en attendant du *cours des siècles* sa con-
quête universelle sur les mondes créés?

L'amour de Dieu, ainsi que nos amours terrestres, a besoin d'un aliment pour s'entretenir dans
nos âmes, voilà pourquoi Dieu nous a accordé le
don de la prière, don précieux sous tous les rap-

ports, puisque de deux choses l'une : il faut *commander* ou *prier*; et comme il est impossible de *commander* à Dieu, de là la nécessité *de le prier*.

A part le besoin de le prier pour obtenir de lui les grâces dont nous avons besoin, est-il rien de plus doux et de plus délicieux à l'âme que la prière, cette tendre expansion de notre amour pour lui? n'est-elle pas le seul lien de communication qui relie le ciel à la terre? En effet, quoi de plus ravissant que les instants que nous consacrons à la prière? N'est-elle pas le baume souverain qui cicatrise toutes nos plaies, qui allége toutes nos douleurs, et l'inspiration de toutes les vertus chrétiennes et sociales? Mais pour que la prière produise en nous ces heureux effets, il faut que notre foi se traduise dans tous les actes de notre vie, même les moins importants, attendu que ce n'est pas la multiplicité de nos prières qui nous ouvrira l'entrée des cieux, comme le croient les dévots *à la surface* et les *dévots avares*, qui aiment *d'abord l'argent et le bon Dieu ensuite*, mais bien la conduite que nous tiendrons à l'endroit *des intérêts d'autrui*, pour lesquels nous devons avoir un *respect inviolable*, puis la charité envers les pauvres comme envers le prochain, et enfin par une pureté de *mœurs irréprochable* qui prouvera aux regards de tous que, considérant notre corps comme le sanctuaire de notre âme, rien n'en a terni la pureté. Pour qu'il en soit ainsi, adressons à Dieu *l'ins-*

tante et quotidienne prière qu'il nous fasse la grâce de conserver notre âme sans empreinte d'impiété et d'immoralité, notre cœur à l'abri de coupables passions, notre pensée pure de tout alliage avec le vice, et notre corps exempt *de souillure!...*

TABLE DES MATIÈRES

PARIS. — E. DE SOYE, IMPRIMEUR, PLACE DU PANTHÉON, 2.

DU MÊME AUTEUR

VISITE AUTOUR D'UNE ÉGLISE

Cécile, ou la vertueuse ouvrière.

La Vérité au peuple, au point de vue religieux.

Le Mariage religieux, suivi de la sanctification du dimanche, sous le pseudonyme de Mme AMILIA.

PARIS. — E. DE SOYE, IMPRIMEUR, PLACE DU PANTHÉON, 2.

9 782329 213958